JN268681

石油のろ過技術

海上保安大学校名誉教授

小川　勝 著

海文堂

序　文

　各種エンジン，装置に使用される燃料油及び潤滑油の前処理装置の一つとして，表面式あるいは深層式フィルタが広く利用され多大の効果をあげているが，ろ過とは目の細かい「ふるい」で油中の微細な固形粒子をろ過，分離除去するといった誰でも理解できる簡単な装置でありながら，船舶，陸上における実態調査報告などをみても，フィルタの目詰りを含む障害発生件数が予想を越えて多いのに驚かされる。

　ろ過器はエレメントが新品に近い場合と使用中のものとでは，ろ過特性が相当異なり，その解明は中々至難の業である。特に使用中のエレメントは流体中の不溶解物質の付着状態により完全閉塞ろ過は論外としても，標準閉塞ろ過，ケークろ過，中間閉塞ろ過とその形態は様々で，これらの諸現象に対応したろ過器の特性を多少なりとも解明できるように，できるだけ具体的に記述したつもりである。

　一方，ろ過装置はあくまでエンジン，装置の補助装置的立場から余り研究文献が多くなく，また油中に含まれる微粒子のフィルタ内における挙動も複雑で未だ充分な解明がなされていない面もある。

　筆者は30余年間の重質石油類の研究と10余年間のろ過機器専門メーカーでの開発業務を通してまとめた報文と経験をもとに，石油中の固形粒子，石油のろ過技術，石油のろ過理論，船舶におけるこし器の装備基準，石油の性状・成分とろ過障害の各章にわたって，多くの調査，実験データを含めてまとめてみた。

　ろ過機器は実用装置であるため，言葉での説明に加えて沢山の図及び表の採用が必要になり，ために出版社の編集部の方々には多大のご迷惑をお掛けする結果になったことを心苦しく考えている。

　本書の出版に当り，ご支援，ご協力をいただいた神奈川機器工業㈱卜部守元社長，髙橋秀人専務並びに海文堂出版㈱編集部の方々に深甚なる謝意を申し上げる次第である。

2003年1月

小　川　　勝

目　　次

序　文

1. 石油中の固形粒子について

1.1　重油中の固形粒子 ……………………………………………………………… 2
1.2　固形粒子分布計測の現状 ………………………………………………………… 2
1.3　C重油中の微粒子固形物の数及び体積分布 …………………………………… 3
1.4　ディーゼル機関システム油中の固形粒子 ……………………………………… 4
1.5　油圧作動油中の固形粒子 ………………………………………………………… 5
1.6　石油の清浄度表現規制 …………………………………………………………… 5
　（1）　重油，システム油について …………………………………………………… 5
　（2）　油圧作動油について …………………………………………………………… 7

2. 石油のろ過技術

2.1　ろ過の種類 ………………………………………………………………………11
　（1）　完全閉塞ろ過 ……………………………………………………………………11
　（2）　標準閉塞ろ過 ……………………………………………………………………12
　（3）　ケークろ過 ………………………………………………………………………12
　（4）　中間閉塞ろ過 ……………………………………………………………………12
2.2　油ろ過器の種類 …………………………………………………………………13
　（1）　金網こし器 ………………………………………………………………………13
　（2）　ノッチワイヤフィルタ …………………………………………………………13
　（3）　金属積層板フィルタ ……………………………………………………………15
　（4）　焼結金属フィルタ ………………………………………………………………15
　（5）　金属多孔板フィルタ ……………………………………………………………16
　（6）　繊維フィルタ ……………………………………………………………………16
　（7）　紙フィルタ ………………………………………………………………………17
　（8）　遠心式こし器 ……………………………………………………………………17
　（9）　磁石フィルタ ……………………………………………………………………18
2.3　フィルタの目詰り物質 …………………………………………………………19

（1）　ワックス性スラッジの多い重油の例……………………………………………19
　（2）　アスファルテン性スラッジの多い重油の例………………………………………20
　（3）　エマルジョン性スラッジの多い重油の例…………………………………………22
　（4）　きょう雑物性スラッジによるフィルタ……………………………………………22
　（5）　カビ性スラッジによるフィルタの閉塞……………………………………………23
2.4　油ろ過器による前処理清浄方法…………………………………………………………24
　（1）　低質重油の場合………………………………………………………………………24
　（2）　システム用潤滑油の場合……………………………………………………………24
2.5　油ろ過器の洗浄法…………………………………………………………………………25
　（1）　連続自動逆洗洗浄……………………………………………………………………25
　（2）　間欠自動逆洗洗浄……………………………………………………………………25
　（3）　手動逆洗洗浄…………………………………………………………………………25
　（4）　開放洗浄………………………………………………………………………………25
　（5）　使い捨て………………………………………………………………………………26

3.　石油のろ過理論

3.1　ろ過に関係ある用語……………………………………………………………………27
　（1）　空隙率…………………………………………………………………………………27
　（2）　ろ過粒度………………………………………………………………………………29
　（3）　公称ろ過比……………………………………………………………………………30
　（4）　ろ過効率………………………………………………………………………………30
　（5）　不溶解分捕集容量……………………………………………………………………32
　（6）　流速，流量……………………………………………………………………………33
　（7）　エレメントのろ過抵抗………………………………………………………………34
　（8）　架橋形成物……………………………………………………………………………34
3.2　油のろ過清浄の解析………………………………………………………………………35
　（1）　全流ろ過………………………………………………………………………………35
　（2）　側流ろ過………………………………………………………………………………35
　（3）　非逆洗エレメントの耐用時間………………………………………………………37
　（4）　目詰り指数……………………………………………………………………………38
　（5）　粒子捕捉効率…………………………………………………………………………39
　（6）　累積分離効率…………………………………………………………………………40
　（7）　初期粒子捕捉効率……………………………………………………………………43
3.3　油のろ過清浄の応用………………………………………………………………………44
　（1）　直列式浄油の場合（$W_0=0$）………………………………………………………45

（2） 直列式浄油の場合（$W_0>0$）	48
（3） 並列式浄油の場合（$W_0=0$）	50
（4） 並列式浄油の場合（$W_0>0$）	53

4. 船舶におけるこし器の装備基準

4.1 こし器金網の目開き	57
4.2 燃料油系統こし器基準	58
4.3 潤滑油系統こし器基準	59
4.4 水系統その他のこし器基準	60

5. 石油の性状・成分とろ過障害

5.1 フィルタのろ過閉塞と石油の成分	63
5.2 エレメントろ枠における腐食	67
5.3 特殊な項目分析法	68
（1） 石油中のワックス分分析方法	68
（2） 石油中のアスファルテン分析方法	70
（3） 石油中のスラッジ分分析方法	73
（4） 石油の環分析方法	74

6. ろ過技術の今後の展望

| 6.1 ナノオーダろ過器の開発 | 79 |
| 6.2 前処理過程で固形粒子を微細に粉砕する方式の開発 | 80 |

索　引	81
図索引	83
表索引	85

1. 石油中の固形粒子について

　重油，潤滑油中に含まれる不溶解粒子は，重油の場合は噴射，燃焼を阻害し，潤滑油では摩擦摺動面の固着，摩耗を促進させる。油中の固形粒子を含めた不溶解分を分離除去するためには遠心分離機，デカンター，ホモジナイザ，ろ過器等の前処理装置が広く利用されている。
　最近の重油類による機関障害原因別件数の統計を表1.1にまとめたが，特に動粘度50℃で150 mm²/s以上のC重油の障害件数が多発している。

表1.1　重油による機関障害現象別件数の統計

No	油種　　　　現象	A重油	A／C重油	C重油 mm²/s, 50℃				合計件数
				〜150	150〜200	200〜300	300〜	
1	スラッジの異常析出	14	3	2	16	10	10	55
2	ストレーナ閉塞	11	4	1	9	6	11	42
3	燃料ポンプ固着			2	8	5	6	21
4	燃料ポンプ異常摩耗				3	1	2	6
5	燃料弁固着						1	1
6	燃料弁異常摩耗				1	1		2
7	ライナ異常摩耗				1			1
8	リング異常摩耗		1		2			3
9	排気弁吹抜け			2	6		1	9
10	腐食		2	1	1			4
	障害発生件数	25	10	8	47	23	31	144

表1.2　溶媒による油中の不溶解分

項目	溶媒	油中の不溶解分
ペンタン不溶分 ヘキサン不溶分	ペンタン ヘキサン	軟質，硬質アスファルト，金属粉，錆，塵あい，泥土，添加剤の変質物など
トルエン不溶分 キシレン不溶分	トルエン キシレン	硬質アスファルト，金属粉，錆，塵あい，泥土など
レジン分	ペンタン不溶分−トルエン不溶分	軟質アスファルト，添加剤の変質物など
沈殿価	沈殿用ナフサ	硬質アスファルト，重質スラッジ，金属粉，錆，塵あい，泥土など
石油エーテル不溶分	石油エーテル	軟質，硬質アスファルト，スラッジ，金属粉，錆，塵あい，泥土など
石油ベンゼン不溶分	石油ベンゼン	硬質アスファルト，重質スラッジ，金属粉，錆，塵あい，泥土など

これら重油，潤滑油中に存在する固形粒子を含む不溶解分は，表1．2に示す溶媒を用い遠心沈殿法あるいはろ過法で分離，定量することができる。

1．1　重油中の固形粒子

重油中にはスラッジ（sludge）と呼ばれる固形あるいは半固形状の物質が含まれ，通常は遠心分離機，フィルタ等で前処理分離して用いられている。

重油中のスラッジには炭化水素系の成分からなるもの，炭化水素系以外の物質（水分，遊離炭素，灰分，きょう雑物，触媒物質など）からなるものと種々様々である。これらの中で，炭化水素系からなるスラッジの形態模型を図1．1に示した。すなわち，油性物質（oily substace）であるマルテン（maltene）またはペトローレン（petrolene）の中に，遊離炭素（free carbon），カーボイド（carboid），カーベン（carbene）類そして，その周りにアスファルテン（asphaltene）分子が5～10ケ程度集まって作るコロイド状集合体のミセル（micelle）膜で被われ，その外周にレジン（resin）と呼ばれる更にマルテンに類似した軟質膜で被われ，平衡状態を保ちながら油中に分散している。

このような形態で含まれるスラッジをドライスラッジ（dry sludge）と呼び，実際にはこれに水分が微粒子化しエマルジョン状態で含まれる場合が多く，この状態のスラッジをウェットスラッジ（wet sludge）と呼んでいる。

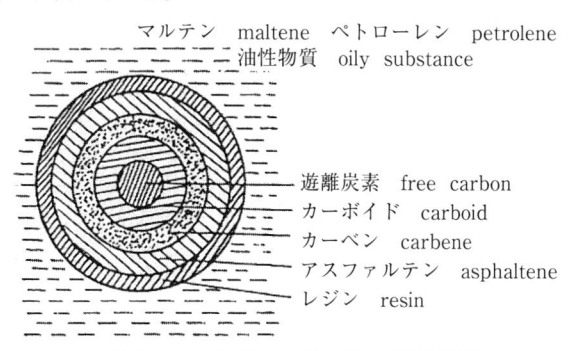

図1.1　ドライスラッジの形態模型

1．2　固形粒子分布計測の現状

現在，微粒子の粒径・粒度分布測定装置として市販されているものの多くは，レーザー光回折式あるいは散乱法，光子相関法が用いられている。また，JIS B 9930では測定用薄膜フィルタを用い顕微鏡で自動的に粒径を測定する方法，同 B 9931で80.8μm 測定用薄膜フィルタを使って減圧ろ過し，作動油中の汚染物質を質量的に測定する方法が規定されている。しかし，上記した測定装置及び測定法のほとんどが，微粒子の粒径または質量を測定するもので，粒子の体積を調べるものは極めて少ない状態である。

1.3 C重油中の微粒子固形物の数及び体積分布

長距離フェリーが国内各港で補給したC重油の例について，キシレン不溶分として捕捉した粒子個数分布を表1.3に示した。同表各欄の上段にはケ/g単位で表わした。また同表各欄の下段には粒子固形物の体積状態を調べるために，含有する微粒子をそれぞれ球形と仮定し，球の体積 $V = 4/3\pi r^3 = 4.1888 r^3 = 0.5236 d^3$（$r$：半径，$d$：直径）として求め，これに各欄上段の粒子数（ケ/g）を掛けて単位換算して同表各欄下段に cm^3/kg 単位で示した。

表1.3に示した粒子径はキシレン不溶分のものであり，C重油中に存在する状態では前述したようにアスファルテン膜及びレジン膜が加わるので，その径は更に大きくなるものと考えられる。

また，表1.3の各欄下段の粒子体積（C重油1kg中の粒子体積 cm^3）を粒子径範囲ごとに検討してみると，粒子径が$10\mu m$をピークとして$5 \sim 15\mu m$の範囲に一つの山が認められ，二つ目の山の立ち上がりが粒子径$25 \sim 30\mu m$付近から始まっているのが認められる。従って，これらC重油の前清浄処理過程では遠心分離機で粒子径の比較的大きな固形粒子を含むウェットスラッジはある程度分離除去されるが，ろ過処理では$25 \sim 30\mu m$目開きの自動逆洗式ノッチワイヤろ過機器と，$5\mu m$程度の深層式捕集エレメントの装備が最も合理的かつ不可欠な条件となるであろう。これに対し悪い例として，上記前段のノッチワイヤろ過機器に$50 \sim 75\mu m$程度の荒目目開きのものを装備すると，ここを通過した$50\mu m$以下の小粒子は，使い捨て式の逆洗不能な深層式捕集エレメントに捕集・蓄積されることになり，このエレメントの目詰り寿命を著しく短縮する結果と

表1.3 国内補給C重油中の固形粒子分布の一例

補油地	名古屋	苫小牧	堺	横須賀	新潟	神戸	八戸
$1 \sim 2\mu m$ $2\mu m$	120,000 0.0005	374,000 0.0016	250,000 0.0010	196,000 0.0008	197,000 0.0008	346,000 0.0014	155,000 0.0006
$2 \sim 5\mu m$ $5\mu m$	93,700 0.0061	318,000 0.0208	182,000 0.0119	143,000 0.0094	135,000 0.0088	245,000 0.0160	120,000 0.0079
$5 \sim 10\mu m$ $10\mu m$	18,000 0.0094	60,700 0.0318	27,500 0.0144	21,900 0.0115	19,400 0.0102	41,200 0.0216	21,700 0.0114
$10 \sim 15\mu m$ $15\mu m$	3,540 0.0063	10,900 0.0193	4,300 0.0076	3,390 0.0060	2,890 0.0051	7,260 0.0128	3,820 0.0068
$15 \sim 20\mu m$ $20\mu m$	1,120 0.0047	4,600 0.0193	980 0.0041	780 0.0033	690 0.0029	1,990 0.0083	1,100 0.0046
$25 \sim 30\mu m$ $30\mu m$	340 0.0048	360 0.0051	140 0.0020	170 0.0024	70 0.0010	330 0.0047	170 0.0024
$30\mu m \sim$ $40\mu m$	700 0.0235	370 0.0124	160 0.0054	150 0.0050	65 0.0022	430 0.0144	180 0.0060

（注）上段：試料をキシレンに希釈し光遮断方式HIAC，PC-320にて測定。ケ/g単位。
下段：各欄の最大粒径を採り，球形と仮定してそれぞれの総量（cm^3/kg）として計算したもの。
$V = 4/3\pi r^3 = 4.1888 r^3 = 0.5236 d^3$ にケ数を掛けて換算した。

なるので避けるべきで，油中に含まれる粒子体積の分布状態に合わせた目開きをもったろ過機器の選定こそが，清浄処理能力の向上とメンテナンスの省力化に貢献してくれるものと考えられる。

一方，FCC触媒粒子（シリカ・アルミナ触媒）の大きさは表1.4に示すように使用の前後において相当異なり，新触媒の場合は平均70μm程度の粒径をもつが，使用中のものは次第に微細化し，平均20μm程度のものが多くなり，その一部は接触分解釜残油中に混入してくるので，ろ過器の目詰り，滑動部の摩耗，固着等の障害をおこす。

表1.4 接触分解触媒粒子の分布例（wt％）

粒径	未使用 （新触媒）	スラリー・オイル中の触媒 （ハイドロサイクロン前）
10μm 未満	—	2
20μm 未満	2	16
20～30μm	4	50
30～40μm	6	26
40～80μm	49	6
80～105μm	24	—
105～149μm	13	—
平均粒径 μm	70	19

1.4 ディーゼル機関システム油中の固形粒子

システム油中に含まれる固形分としては，エンジン滑動部の腐食粒子，摩耗金属粉，添加剤として脂肪酸やナフテン酸の金属塩類，燃焼ガスの吹抜けによる炭素粒子，灰分，大気中の塵あい，その他パッキン類，繊維質などがある。これらの中で金属分についてみると表1.5のようになり，珪素，鉛，カルシウムの含有率の多いのが目立っている。

表1.5 エンジンシステム油中の金属分

灰分中の比率％	金属元素の種類
10～30	Si, Pb, Ca
1～3	Fe, Cu, Zn, Al
1以下	Ba, Mn, Mg, Ni, Cr, Sn, K

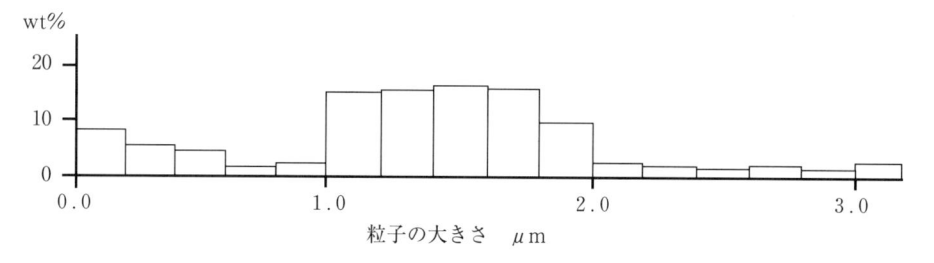

図1.2 高速ディーゼルシステム油中の固形分の粒径分布

図1.2に高速ディーゼル・システム油中の固形分の粒径分布例を示したが，清浄分散剤が添加使用されているため，粒径が1～2μmの範囲に集中して多いのが認められよう。

また，ディーゼル機関システム油の劣化廃油中のスラッジ分中に含まれる固形分粒子の粒径分布例を示すと表1.6のようになり，No.1，No.3の例のように25～50μm粒子が大半を占めるものもあれば，No.2の例のように各粒径範囲に万遍なく分布しているものもあり一様ではない。

表1.6 システム油スラッジ中の固形分の粒径分布

粒径範囲 μm	No. 1 mg/l	No. 2 mg/l	No. 3 mg/l
25～ 50	1,115	33.0	45.0
50～100	397	41.2	6.4
100～200	77		
200～600	4.8	200.8	2.4
600～	1.2		

1.5 油圧作動油中の固形粒子

油圧作動油の新油及び使用油中の固形粒子の粒径分布例を表1.7に示した。各試料油とも5～15μm粒子数が圧倒的に多く，100μm以上の粒子は全く含まれていなかった。一方，新油と使用油との差も余りない場合もあり，むしろ油の保管，管理の仕方に検討の余地があるように感じられる。

表1.7 油圧作動油中の固形粒子の粒径分布例（ケ/100ml）

粒径範囲 μm	新油A	新油B	使用油 5,567h	使用油 4,809h	使用油 約300h	使用油 5,718h
5～ 15	123,712	69,107	1,129,105	3,128,800	4,177,413	8,675,288
15～ 25	2,093	1,472	5,270	15,188	47,125	27,975
25～ 50	966	425	930	2,075	5,013	4,612
50～100	107	22	83	125	238	188
100以上	0	0	0	0	0	0

1.6 石油の清浄度表現規制

(1) 重油，システム油について

油中の固形分をろ過分離する際によく用いられる用語の一つに「ふるい」の目開きを表わすメッシュとミクロンなる言葉が使われる。メッシュとは1インチの長さにおける目数を表わすもので，メッシュ数が多くなるほど目開きはより細かくなることになる。一方，ミクロンとは一つの目の開く間隔を10^{-6}mすなわちミクロン・メータで表わしたもので，ミクロン数が多くなるほど目開きはより荒くなる。

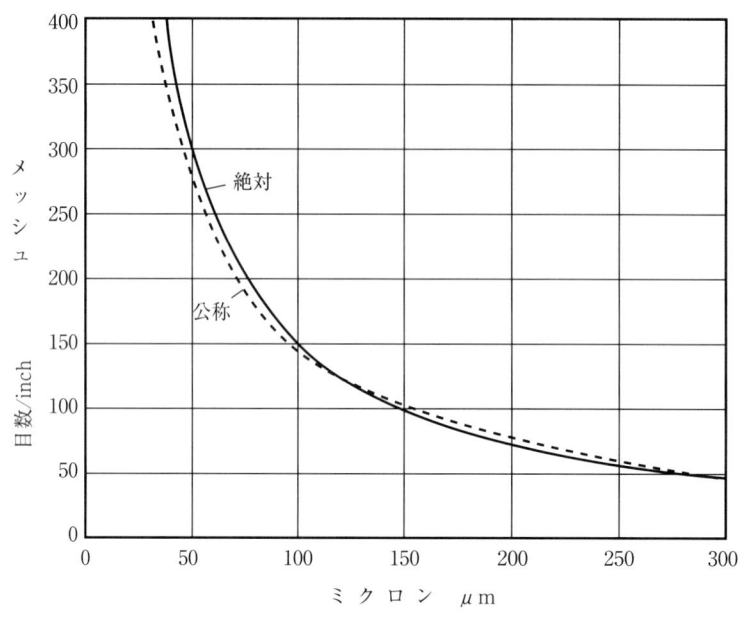

図1.3 メッシュとミクロンとの関係

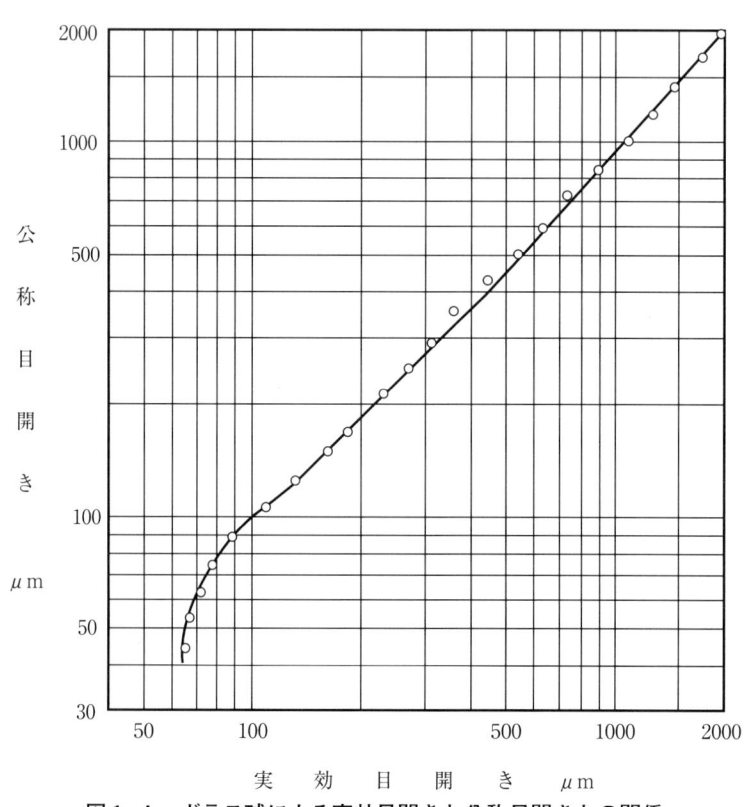

図1.4 ガラス球による実効目開きと公称目開きとの関係

JIS Z 8801によれば両者の間には図1.3に示すような関係がある。目開きには絶対目開き（absolute mesh size），公称目開き（nominal mesh size），実効目開き（effective mesh size）などの言葉が使われている。

○絶対目開き……特定の測定条件下で，ふるいを通過し得る球状固体粒子の最大径で表わす理論値。

○公称目開き……ふるい，フィルタ製造業者によって指示されたあるμm単位の数値。エレメントの加工等により，同一材料でも多少異った数値をとり，絶対目開き値と僅かに異なる場合が多い。

○実効目開き……特定条件でろ過した場合，ろ材の変形，流体の性状などにより，実際に有効とみなされるμm単位の数値。絶対あるいは公称目開きの数値と異なる場合がある。

絶対目開きにおけるメッシュとミクロンとの間には，次式のような関係が認められる。

$$\left.\begin{array}{l}\mu m = 0.0060(mesh)^2 - 2.9359(mesh) + 404.5555 \\ mesh = 0.0102(\mu m)^2 - 4.2072(\mu m) + 474.3010\end{array}\right\} \quad \cdots\cdots\cdots\cdots\cdots\cdots\cdots (1.1)$$

また，フィルタの公称目開きと実効目開きとの実験例を示すと図1.4のようになり，粒子径が微細になると相関性が失われる場合もある。

（2） 油圧作動油について

一般的に用いられている指標にはISOコード番号による方法とNAS No.（National Aerospace Standards：アメリカ航空宇宙局規格）による方法とがある。前者のISOコード番号は1972年に

表1.8 油の清浄度対応表（粒子数ケ／1ml）

コード番号	粒子数　上限	コード番号	粒子数　上限
30	10,000,000	13	80
29	5,000,000	12	40
28	2,500,000	11	20
27	1,300,000	10	10
26	640,000	9	5
25	320,000	8	2.5
24	160,000	7	1.3
23	80,000	6	0.64
22	40,000	5	0.32
21	20,000	4	0.16
20	10,000	3	0.08
19	5,000	2	0.04
18	2,500	1	0.02
17	1,300	0.9	0.01
16	640	0.8	0.005
15	320	0.7	0.0025
14	160		

表1.9 装置使用潤滑油含有粒子の濃度限界

名　　　　　称	ISO コード
ミサイル　フライト・コントロールシステム	15/12
宇宙船　フライト・コントロールシステム	15/12
ヘリコプター　フライト・コントロール	17/14
軍用飛行機　油圧システム	17/14
民間航空機　油圧システム	16/13
船　　舶　油圧システム	17/14
陸上動力用　タービン	14/11
工作機械　油圧システム	15/12
産業車両用装置	17/14
土木，建設機械，ドーザ，ローダ，トラック	18/15

(注) 例えば15/12で15：5μm 以上の粒子数がコード番号15以下，
　　12：15μm 以上の粒子数がコード番号12以下の意味を示す。

表1.10 作動潤滑油のNAS NO.（粒子数/100ml）

サイズ分類 (μm)	級						
	00	0	1	2	3	4	5
5〜15	125	250	500	1,000	2,000	4,000	8,000
15〜25	22	44	89	178	356	712	1,425
25〜50	4	8	16	32	63	126	253
50〜100	1	2	3	6	11	22	45
100以上	0	0	1	1	2	4	8

サイズ分類 (μm)	級						
	6	7	8	9	10	11	12
5〜15	16,000	32,000	64,000	128,000	256,000	512,000	1,024,000
15〜25	2,850	5,700	11,400	22,800	45,600	91,200	182,400
25〜50	506	1,012	2,025	4,050	8,100	16,200	32,400
50〜100	90	180	360	720	1,440	2,880	5,760
100以上	16	32	64	128	256	512	1,024

英国のAHEM（油圧装置製造業会）が提案し，翌1973年にBSI（英国規格協会）で支持され，1974年にISO/TC 131/SC-6において承認されたものであり，表1.8にその対応表を示した。コード番号でみれば0.7〜30までの33段階に分かれている。この対応表は単位体積（1ml）中の5μm以上の粒子数及び15μm以上の粒子数に対応するコード番号を用い，2つのコード番号を斜線で分けて表示する。各国で使用されている油圧作動油中の固形粒子の濃度限界を表1.9にまとめたが，5μm以上の粒子数がコード番号で14〜18以下，15μm以上が11〜15以下程度で使われているようである。粒子径の一つに5μmを選んだ理由は，油のシルティング（silting：沈殿物による摩擦面凹部の底上げ）の評価を行なうものと考えられること，また15μm以上の粒子は摩耗の触媒作用をなすものと考えられているからである。

このISOコード番号表示法を用いると次のような利点があげられる。

① 表1.8ではコード番号で0.7〜30まであげたが，両方面に延長したコード番号，上限粒子

数を設定することができる。
② 微粒子の濃度を粗い部分と細かい部分の2つの領域から管理することができる。
③ 全ての種類の流体の清浄度の表示が可能である。

次に後者のNAS No.は表1.10に示すように00級から12級の14段階に区分され，各級に粒子サイズごとの粒子数が制限されている。試料によっては同一級の粒子サイズの粒子数制限内に入るとは限らないので，その場合は最高の級数をもって表示するようになっている。

前述したAHEMコード番号とNAS No.との関係を5～15μmの粒子数についてまとめると表1.11のようになり，近似的に両者の間には次式に示す関係が認められる。

$$AHEM コード番号 = NAS\ No. + 8$$

表1.9に示したISOコード番号14～18とはNAS No.で示せば6～10ということになる。

次に作動油全般についての清浄度基準について述べておくことにする。

油圧機械は特に陸上において種類が多く，これに合わせた作動油も純鉱油系，添加タービン油系，一般作動油系，耐摩耗油系，エンジン油系，難燃性油系，乳化油系，水―グリコール系，りん酸エステル系，航空機用と多種多様にわたっているが，その一部の油種についてしか清浄度の管理基準が定められていないのが現状である。一例として表1.12及び表1.13にその具体例を示した。表1.12中のMFフィルタ不溶分の測定には0.8μmのメンブランフィルタを用い，溶媒としてはペンタン，ヘキサン，ヘプタン，石油エーテルいずれを用いても測定結果の差異はほとんどないとしている。測定には吸引びん，ファンネルを使い，減圧ろ過して求める。これらの項目のほかに油質の劣化を調べるものとして，屈折率n_Dあるいは赤外分光比1710／1378（1710nm：C＝O基，1379nm：n―パラフィン系炭化水素各吸光度比を求める。）などで管理する方法も一部で採用されている。

表1.11 AHEMコード番号とNAS No.の関係
（5～15μm）

粒子数／1ml	コード番号	NAS No.
10,240	20	12
5,120	19	11
2,560	18	10
1,280	17	9
640	16	8
320	15	7
160	14	6
80	13	5
40	12	4
20	11	3
10	10	2
5	9	1
2.5	8	0

表1.12 油圧作動油の管理基準

項　目	種　類		日本マリンエンジニアリング学会	一般作動油 耐摩耗性作動油		りん酸エステル作動油
			添加タービン油	一般機械	精密機械	
粘度		以下	新油±10%	新油±15%	新油±10%	新油±20%
全酸価	mgKOH/g	以下	新油+0.5	新油+0.5	新油+0.5	1.0*1)
水分	vol%	以下	0.1	0.1	0.1	0.5
MFフィルタ不溶分	mg/100ml	以下	20	40*2)	10*2)	15*2)
色相	ユニオン	以下	—	4	2	8
鉱油分	%	以下	—	—	—	5

＊1）：分析値　＊2）：サーボ弁付の場合は5 mg/100ml

表1.13 油圧作動油清浄度許容基準

使　用　条　件	計数法（NAS級）	計数法（NAS級）
一般の油圧装置		G＊
サーボ弁または10μm以下のフィルタを用いた装置	9	101
電磁弁または流量制御弁を用いた装置で微少流量を制御する装置及び直径隙間15μm以下のしゅう動部分をもつ機器を用いた装置	11	102
油圧装置の一部または全部を安全装置（または長時間加圧状態で停止しておく装置）として電磁弁その他精密制御弁などを含んでいる装置	12	108
油圧機器及び装置のテストスタンド	12	108

＊　MIL　汚濁度基準のG級

2．石油のろ過技術

一般にフィルタの目詰りに影響を及ぼす原因としては，次のようなものが考えられる。
(1) ろ過液中の固形粒子の量，粒径分布及び凝集度合
(2) ろ過液中の低温析出固形物質（ろう分）の量
(3) ろ過液の粘度
(4) ろ過液の流速
(5) エレメントのろ過面積
(6) エレメントの目開き
(7) ろさい層の厚さ
(8) ろ過ポンプの特性……ろ過差圧を低く保つには定量型往復動ポンプ，渦巻ポンプよりも定速型のものの方が適している。

2．1 ろ過の種類

ろ過器エレメントを大別すると表面ろ過器（ノッチワイヤ，孔あき金属板など）と深層ろ過器（各種繊維状物質など）に分けられるが，後者の深層ろ過の場合は①ろ過が多層にわたること，②ろ過粒径が不均一であるなどの理由で未だ明確なろ過理論は確立されていない。

前者の表面ろ過の場合は次の4モデルによって説明することができる。

(1) 完全閉塞ろ過 (complete blocking filtration)

図2.1のように，油中の固形粒子，半固形粒子がエレメントの流路入口の一つひとつを完全に閉塞するような機構で，差圧 ΔP の上昇による自動逆洗方式を採用すれば，比較的容易に閉塞を排除することができる。

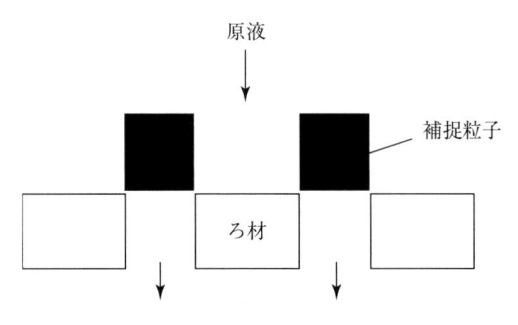

図2.1 完全閉塞ろ過モデル

(2) 標準閉塞ろ過 (standard blocking filtration)

図2.2のように，油中の固形粒子等の粒径がエレメントの目開きにくらべて小さい場合は，エレメントの流路内で吸着，堆積し，油流路の狭小あるいは閉塞をおこし油の流動抵抗を増し差圧 ΔP を上昇させる。

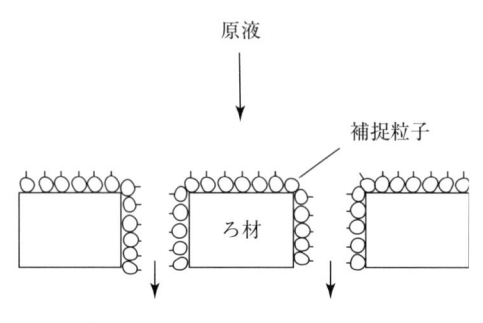

図2.2 標準閉塞ろ過モデル

(3) ケークろ過 (cake filtration)

図2.3のように，油中の固形粒子等の捕捉がエレメントの流路入口で行なわれ，油は捕捉粒子群からなる厚いケーク層の間を縫うように流れ，流動抵抗は架橋現象 (bridge formation) を起こしているケーク層の狭小流路の状態に左右される。すなわち，粒子粒径の大きいものをろ過する場合，初期には流路入口に架橋層または部分的閉塞がおこり，次いで油中の更に小径の粒子が残された空隙に捕捉，堆積するために，差圧 ΔP が上昇することになる。自動逆洗形式のものを装備すれば，比較的容易に差圧の上昇を防止することができる。

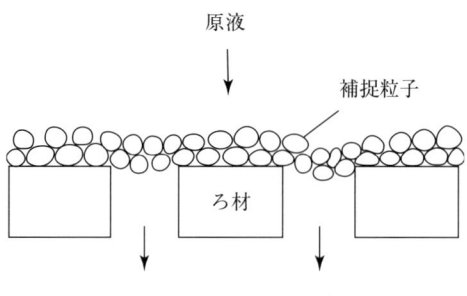

図2.3 ケークろ過モデル

(4) 中間閉塞ろ過 (intermediate blocking filtration)

完全閉塞ろ過と標準閉塞ろ過の中間に位置するものを中間閉塞ろ過といい，図2.4にそのモデル図を示した。通常のフィルタの閉塞ろ過はこの機構によるもので，閉塞が進むと一定量の油をろ過するための時間は次第に長くなる。この機構はなかなか複雑で，未だ解明されていない部分が多い。

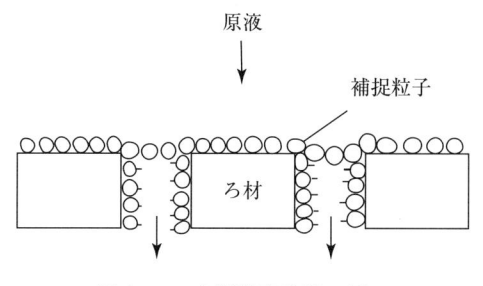

図2.4 中間閉塞ろ過モデル

2.2 油ろ過器の種類

油ろ過用エレメントの材質としては，金属，繊維類，紙，合成樹脂，ガラス綿など多くのものが使われるが，油用としてエレメントに利用されている製品の最小捕捉粒子径を表2.1にまとめ，その各々について概要を述べておく。

表2.1 エレメントの最小捕捉粒子径

材　　質	最小捕捉粒子径 μm	材　　質	最小捕捉粒子径 μm
金　　　　網	37	金属多孔板	10
ノッチワイヤ	10	繊　　　　維	1
金網積層板	80	ろ　　　　紙	5
焼　結　金　属	2	遠心こし器	2

(1) 金網こし器（図2.5）

材質はステンレス鋼が多く用いられる一方，黄銅，普通鋼も使われ，最小捕捉粒子径は40μm程度と比較的大きな粒子のろ過に利用される。金網には平織，綾織，畳織などがあるが，平織では目開きが細かくなると線径が細く強度が不足するので，ろ過器用としては畳織が多く用いられる。

(2) ノッチワイヤフィルタ（図2.6）

材質としてはステンレス鋼が一般的である。図2.6の拡大図に示したように，機械加工で突起をつけた金属線をアルミまたはステンレス円筒ろ材に一重に巻きつけたもので，突起の高さにより捕捉粒子径が決まる。現在市販されている製品は10～100μmの範囲で10数種類に及ぶ。金網こし器にくらべて線の厚みを大きくとることができるので，目開きの小さなものでも強度をもたせることができるが，奥行きを増したことによる流路抵抗の低下をはかるため，流路の内側面にこう配をつけている。

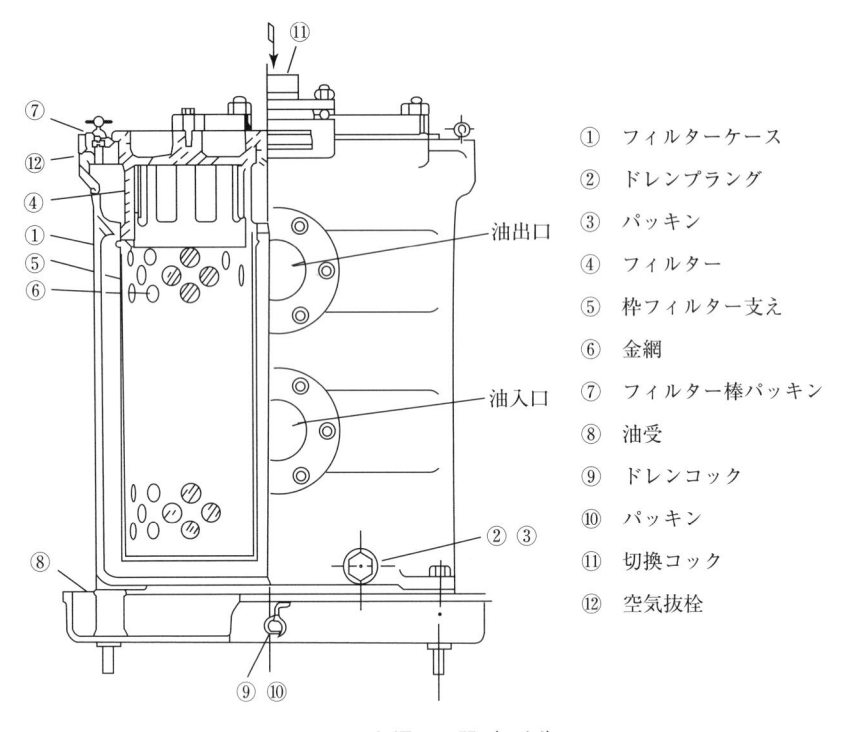

① フィルターケース
② ドレンプラング
③ パッキン
④ フィルター
⑤ 枠フィルター支え
⑥ 金網
⑦ フィルター棒パッキン
⑧ 油受
⑨ ドレンコック
⑩ パッキン
⑪ 切換コック
⑫ 空気抜栓

図2.5 金網こし器（一例）

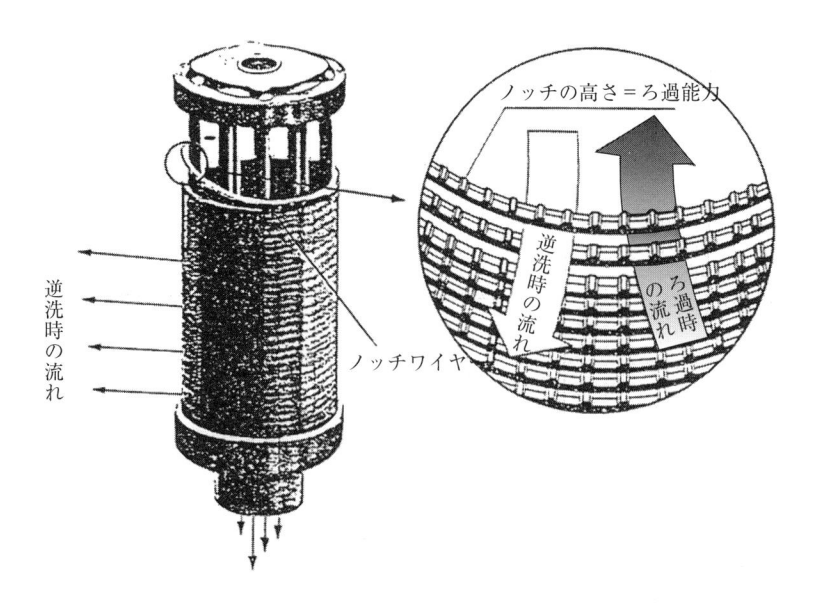

図2.6 ノッチワイヤフィルタ（一例）

（3） 金属積層板フィルタ（図2.7）

図2.7に示したように，切り込みのついた薄い金属板（ステンレス鋼，普通鋼を用いる）を交互に重ね合わせ，その間隙によりろ過粒度が決まるが，スペーサの厚さに限界があるため80μm以上と比較的大きな粒子のろ過に用いられる。市販されている装置では，ハンドルを手動回転することによりクリーナプレートで，フィルタ板に付着したケーキをかき落とすオートクリーン式のものもある。

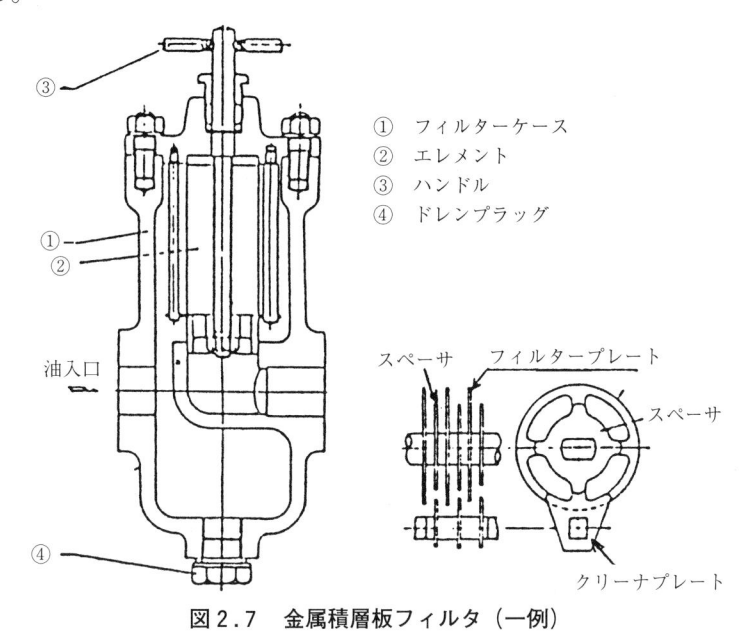

① フィルターケース
② エレメント
③ ハンドル
④ ドレンプラッグ

図2.7　金属積層板フィルタ（一例）

（4） 焼結金属フィルタ（図2.8）

一般的に使用されている材質はステンレス，青銅などの球状粉末で，その溶融点より僅かに低い温度（ステンレスは1,100～1,300℃，青銅は800～870℃）で，黒鉛またはセラミックスの型に減圧雰囲気中で金属ガス噴霧により，円筒状あるいは板状に焼結させる。最小捕捉粒子径は2μmと，微小粒子までろ過するものもある。その特色をまとめると次のようになる。

＜長所＞
① 耐熱性に優れ（177～200℃），またケーキ成分の吸着，吸収がほとんどない。
② 機械的，熱的衝撃に強く，機械加工，溶接，ハンダ付けなどが容易である。
③ 材料金属の粉末粒度によって，フィルタの孔径を任意に調節できる。
④ 空孔の構造が規則的であるので逆洗による再生が可能である。

＜短所＞
① 金属の球状粒子の集合体であるため奥行きまで考えた三次元的間隙は，見掛けの空孔よりかなり小さくなる。

図2.8 焼結金属フィルタ（一例）

② 金属粒子でできているため耐食性に配慮する必要があり，ろ液によっては使用できない場合もある。
③ 製品価格が比較的高価である。

(5) 金属多孔板フィルタ（図2.9）

多数の円形の孔をあけたステンレス板を円筒ろ材に巻きつけ加工したもので，内側に孔径の小さなものを重ねたもの，内側に繊維層を組み込んだものなどがあり，最小捕捉粒子径は10μm程度のものまである。

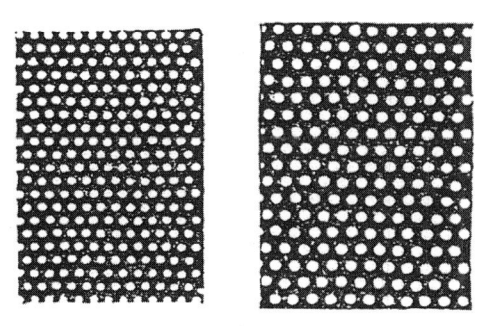

図2.9 金属多孔板フィルタ（一例）

(6) 繊維フィルタ（図2.10）

セルローズ，フェルト，岩綿，ガラス綿，金属綿などの繊維を，布で包むか円筒状に成形したものをエレメントとして用い，主にきょう雑物をエレメントの内部に捕捉するので，微細な粒子（最小捕捉粒子径1μm）まで除去できる。捕集容量が大きいため比較的長期間にわたり目詰りをおこさずに使用することができ，側流ろ過清浄に用いられる場合が多い。逆洗再生はできない。

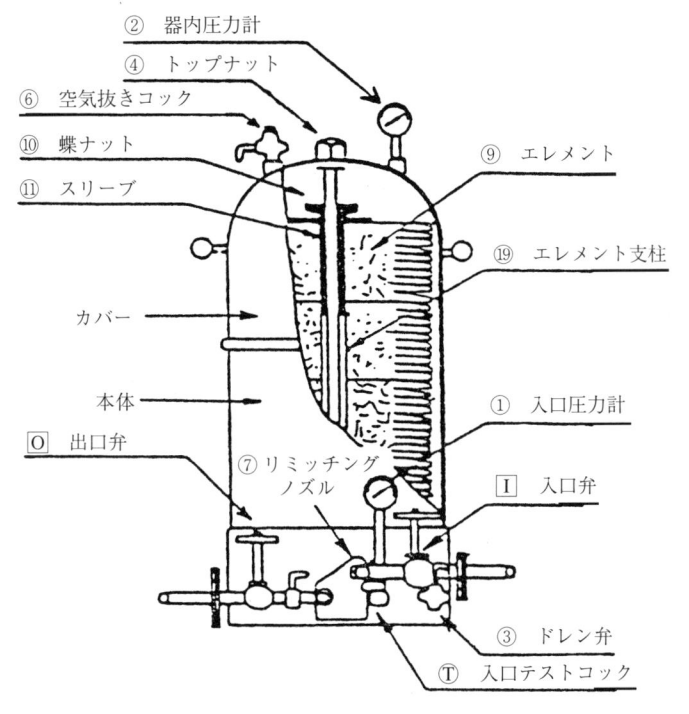

図 2.10 繊維フィルタ（一例）

② 器内圧力計
④ トップナット
⑥ 空気抜きコック
⑩ 蝶ナット
⑪ スリーブ
カバー
本体
O 出口弁
⑨ エレメント
⑲ エレメント支柱
① 入口圧力計
⑦ リミッチングノズル
I 入口弁
③ ドレン弁
T 入口テストコック

(7) 紙フィルタ (図2.11)

ろ紙に樹脂加工し，ひだ付けをして円筒状にしたもの，表面に波形をつけたワッシャを重ね合わせたもの，帯状の長いものを渦巻状に巻いたものなどがある。最小捕捉粒子径は 5 μm 程度，ろ過容量が小さいため，その使用は小形機器，装置に限定される。

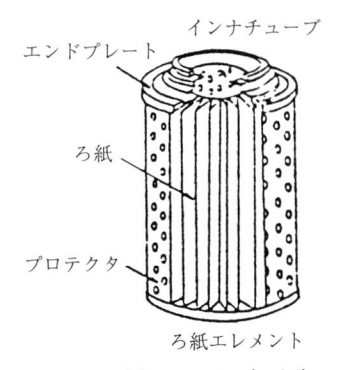

図 2.11 紙フィルタ（一例）

インナチューブ
エンドプレート
ろ紙
プロテクタ
ろ紙エレメント

(8) 遠心式こし器 (図2.12)

ろ過される油の油圧でロータを回転させ，分離されたきょう雑物をロータ内壁に付着させる。独立した動力源を必要とせず，また回転数を大にすることで微細な粒子まで捕捉することが可能で，最小捕捉粒子径は 2 μm 程度といわれているが，ろ過容量に限度があるため小形機関・装置

の側流ろ過清浄に使用される。

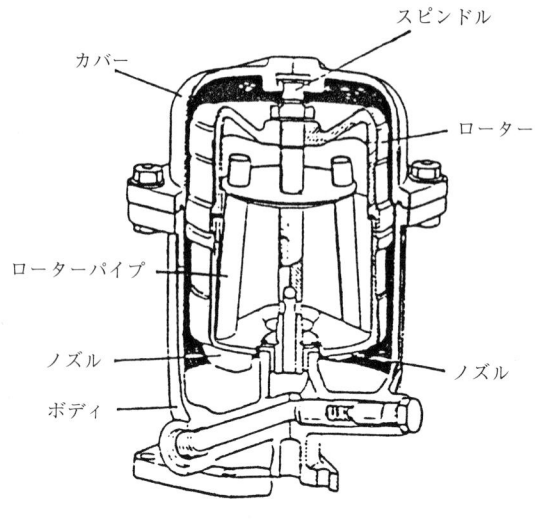

図2.12 遠心式こし器（一例）

(9) 磁石フィルタ（図2.13）

　腐食・摩耗金属粒子中の磁性きょう雑物やこれと一体となっている非磁性きょう雑物を吸着捕捉するためのもので，本フィルタが単体で用いられることはほとんどなく，他のエレメントの内部に組み込んで使用される場合がほとんどである。

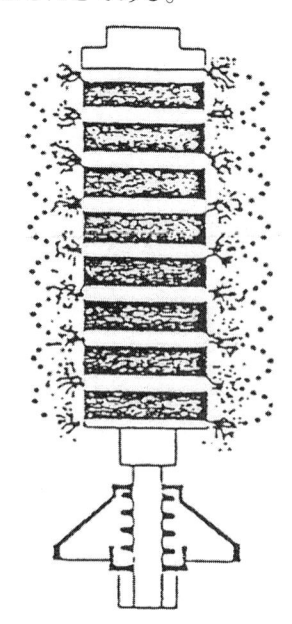

図2.13 磁石フィルタ（一例）

2.3　フィルタの目詰り物質

　重油，システム油の前処理過程で二次フィルタ（表面式ノッチワイヤ形式），三次ファインフィルタ（各種繊維状物質）の閉塞現象をおこす原因のほとんどは，油中に含まれるスラッジ分によるものと考える。

　一般にスラッジ分と呼んでいる物質の中身を分類すると次の5種類に分けることができ，これが主に複合体としてフィルタの目詰りに大きな障害を及ぼしていると考えられる。

① ワックス性スラッジ
② アスファルテン性スラッジ
③ エマルジョン性スラッジ
④ きょう雑物性スラッジ
⑤ カビ性スラッジ

（1）ワックス性スラッジの多い重油の例

　表2.2にワックス性スラッジによる目詰り障害をおこした重油の性状・成分等の分析結果の一例を示した。同表中，特にろう分，%C_P（パラフィン炭素量wt%）の多いのが目立っている。おそらくろう分10wt%以上，%C_Pが60以上の油をろ過する場合には，特にワックス性スラッジによるフィルタの目詰り防止のため，ろ過時の油温を60℃程度以上に保つなどの配慮が必要である。

表2.2　ワックス性スラッジによるフィルタ目詰り障害をおこした重油の性状・成分・性能

試料No.	密度 15℃ g/cm³	動粘度 mm²/s 50℃	残炭分 wt%	灰分 wt%	硫黄分 wt%	アスファルテン wt%	ろう分 wt%	スラッジ分 wt%	CCAI
1-1	0.9305	103.58	—	—	0.85	0.80	20.79	1.57	806
1-2	0.9272	103.60	7.62	0.02	0.85	0.61	13.49	2.34	803
1-3	0.942	231.77	10.9	0.03	3.84	—	—	8.27	808
1-4	0.9535	544	11.5	—	2.11	—	—	—	811

試料No.	重金属分 mg/kg				環分析						油質
	V分	Na分	Al分	Si分	%C_P	%C_N	%C_A	R_N	R_A	%C_A/%C_P	
1-1	8	56	2	11	61.4	6.6	32.0	0.6	1.6	0.52	直留
1-2	17	—	2	1	62.4	6.5	31.1	0.6	1.5	0.50	直留
1-3	—	—	—	—	65.8	0.0	34.2	0.00	1.81	0.52	直留
1-4	25	71	6	44	62.2	1.4	36.4	0.31	2.04	0.59	直留 or VB

（注）VB：ビスコシティ　ブレーク油の略。

(2) アスファルテン性スラッジの多い重油の例

表2.3にアスファルテン性スラッジによる目詰り障害をおこした重油の性状・成分等の分析結果の一例を示した。同表中，特にアスファルテン及びスラッジ分の多いのが目立っている。恐らく，重油中にアスファルテンが7.5wt%以上，%C_A（芳香族炭素量 wt%）が40以上，R_A（芳香族平均環数）2以上，%C_A/%C_P比（芳香族炭素量／パラフィン炭素量の重量比）が0.7以上の条件を満たすような場合には，フィルタの目詰り障害が発生する危険性があると考えられる。この

表2.3 アスファルテン性スラッジによるフィルタ目詰り障害をおこした重油の性状・成分・性能

試料 No.	密度 15℃ g/cm³	動粘度 mm²/s 50℃	残炭分 wt%	灰分 wt%	硫黄分 wt%	アスファルテン wt%	ろう分 wt%	スラッジ分 wt%	CCAI
2-1	0.983	338.9	17.21	—	3.37	8.30	1.89	13.14	845
2-2	0.969	122.41	15.03	0.03	2.81	7.39	—	—	843
2-3	0.9892	312	16.00	—	2.30	8.79	—	—	846
2-4	0.9919	251	17.77	—	2.03	9.15	—	—	857

試料 No.	重金属分 mg/kg				環 分 析						油質
	V分	Na分	Al分	Si分	%C_P	%C_N	%C_A	R_N	R_A	%C_A/%C_P	
2-1	—	—	—	—	—	—	44.2	—	2.3	—	FCC
2-2	—	—	—	—	56.6	1.9	41.5	0.28	1.99	0.73	直留orFCC
2-3	93	13	8	8	52.7	1.9	45.4	0.49	2.44	0.86	VBorFCC
2-4	79	12	20	5	49.7	3.7	46.6	0.62	2.34	0.94	FCC

（注）VB：ビスコシティ ブレーク油の略。

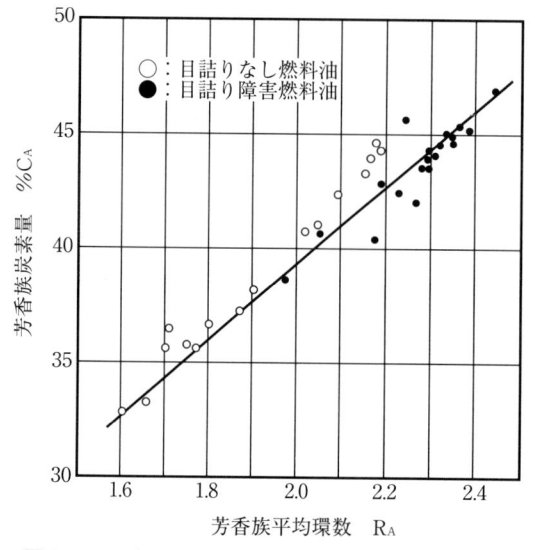

図2.14 ディーゼル燃料油の芳香族炭素量%C_Aと芳香族平均環数R_Aの関係

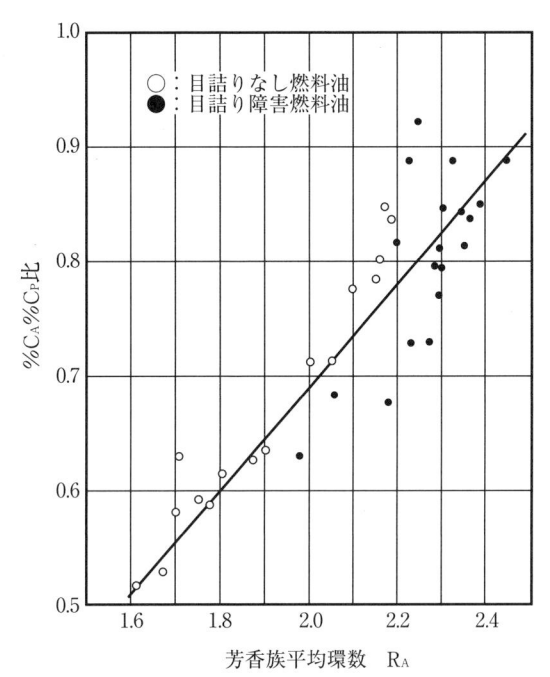

図2.15 ディーゼル燃料油の芳香族炭素量／パラフィン炭素量比%C_A/%C_Pと芳香族平均環数R_Aの関係

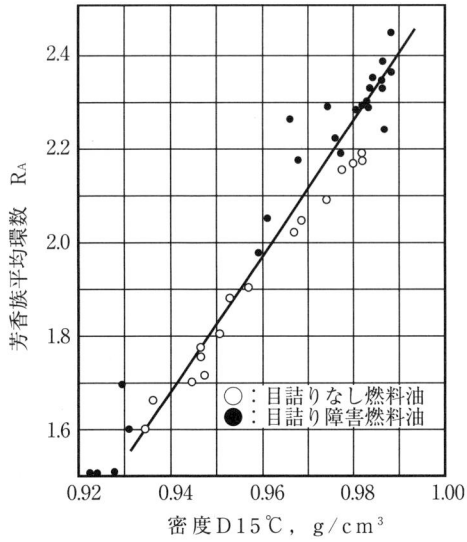

図2.16 ディーゼル燃料油の密度Dと芳香族平均環数R_Aの関係

傾向は特にFCC重油及びそのブレンド油に多い。

図2.14にディーゼル燃料油の環分析による芳香族炭素量%C_Aと芳香族平均環数R_Aとの関係を示したが、上述したように%C_Aが40以上、R_Aが2.0以上の油に目詰り障害を発生した黒丸印のものが目立って多くなっている。

また、図2.15に%C_A/%C_P比とR_Aとの関係をまとめてみたが、同比が0.7以上、R_Aが2.0以上の重油に目詰り障害を発生した黒丸印のものが目立って多くなっている。

更に図2.16にR_Aと重油密度D_{15}との関係をまとめてみたが、R_Aが2.2以上、D_{15}が0.98以上の重油の場合は全てが目詰り障害を発生しているものばかりであった。同図ではR_Aが1.7以下でD_{15}が0.93以下でも目詰りをおこしているが、これはワックス性スラッジによるものと考えられる。

(3) エマルジョン性スラッジの多い重油の例

表2.4にエマルジョン性スラッジによる目詰り障害をおこした重油の性状・成分等の分析結果の一例を示した。表中、特に水分、水泥分の多いのが目立っている。油中の水分は一種の触媒作用をおこし、炭化水素の高分子芳香族化を促進する。従って、%C_Aが45〜47程度、R_Aが2.2以上、%C_A/%C_P比が0.85以上と、他のスラッジに比べて一段と芳香族化が進んでいるのが見受けられる。同表中、3-4試料は%C_Pが多いところからワックス性スラッジによる目詰りも一因になっているものと考えられる。

表2.4 エマルジョン性スラッジによるフィルタ目詰り障害をおこした重油の性状・成分・性能

試料No.	密度 15℃ g/cm³	動粘度 mm²/s 50℃	残炭分 wt%	灰分 wt%	硫黄分 wt%	アスファルテン wt%	水分 wt%	水泥分 wt%	CCAI
3-1	0.9927	367	16.6	—	2.67	—	0.80	0.97	855
3-2	0.9847	173	9.00	—	2.94	—	1.00	—	855
3-3	0.9892	382	17.60	—	3.10	—	0.50	—	858
3-4	0.952	158.62	9.57	0.04	2.52	—	0.70	0.90	822.6

試料No.	重金属分 mg/kg				環 分 析						油質
	V分	Na分	Al分	Si分	%C_P	%C_N	%C_A	R_N	R_A	%C_A/%C_P	
3-1	494	72	17	23	51.8	1.6	46.6	0.42	2.39	0.90	FCC
3-2	55	188	30	41	53.3	1.5	45.2	0.33	2.19	0.85	VBorFCC
3-3	137	96	20	27	53.0	0.8	46.2	0.30	2.27	0.87	VBorFCC
3-4	—	—	—	—	61.3	1.7	37.0	0.24	1.85	0.60	直留

(注) VB：ビスコシティ ブレーク油の略。

(4) きょう雑物性スラッジによるフィルタ付着残さ物の例

表2.5に重油中のきょう雑物性スラッジによるフィルタの目詰り障害をおこしたと認められるフィルタ付着残さ物の分析結果の一例を示した。当然のことながら残炭分、灰分、スラッジ分等が法外に多く含まれている。

表2.5　きょう雑物性スラッジによるフィルタ目詰り障害をおこした残さ物の成分

試料 No.	密度 15℃ g/cm³	動粘度 mm²/s 50℃	残炭分 wt%	灰分 wt%	硫黄分 wt%	アスファルテン wt%	ろう分 wt%	スラッジ分 wt%	CCAI
4－1	—	—	23.62	12.15	—	4.84	3.50	18.03	—
4－2	—	—	17.37	12.32	—	2.09	3.73	9.85	—
4－3	—	—	19.94	14.15	—	3.16	4.47	24.06	—
4－4	—	—	10.24	3.15	—	0.69	7.54	11.96	—

きょう雑物性スラッジによる目詰りは特別な場合を除き標準閉塞ろ過から中間閉塞ろ過に進む場合が多く，差圧 ΔP も初期には徐々に上昇しケーク層の厚みを増すと途中から急激に上昇する傾向がある。表中，4－4試料はワックス性スラッジによる影響も認められる。

(5)　カビ性スラッジによるフィルタの閉塞

燃料加熱を行なわないA重油を使う工場・船舶，常温で使われる工場の切削油等では，高温多湿な5月中旬～9月中旬にかけて，時として油中に多くのスライム（slime：どろどろとしたもの）が発生し，更にコロニー（colony：群棲）へと成長し，フィルタの急激な目詰りをおこして，エンジン・諸装置が停止する事故につながることがある。

これは空中に浮遊するバクテリア（3μm程度の大きさ，胞子で繁殖）等が環境（結露による水分混入，水層への栄養分の溶出，温度，pH等）により培養，増殖され，油中を塊状になって流れ出しておこる現象であり，燃料タンク，油留りタンク内が主な発生場所と考えられる。カビ性スラッジによるフィルタの目詰りは予告なしに突如としておこる現象だけに，装置の運転，機関室当直に立たれる方々にとっては誠に無気味な存在である。

カビ性スラッジの発生を防止するためには，油をタンクへ張込む前，あるいは張込みの途中で適切な防カビ剤を1/10,000程度添加する方法が広く用いられている。

カビ性スラッジと前記したアスファルテン性スラッジの特徴を比較すると表2.6のようになる。

表2.6　カビ性スラッジとアスファルテン性スラッジとの比較

種類	特徴
カビ性スラッジ	1. 海苔状の軟質体 2. ストレーナには瞬間に閉塞現象を起こす
アスファルテン性スラッジ	1. 黒片状の粒子 2. ストレーナには時間に比例して堆積する

2.4 油ろ過器による前処理清浄方法

(1) 低質重油の場合

図2.17に低質重油を主燃料とする船舶の清浄処理方法の例を示した。すなわち，セットリングタンク内の低質重油は加熱され，清浄機で処理されてサービスタンクに移される。船舶によってはA重油をブレンドしながら使う場合もあるが，エヤーセパレータ，ブースターポンプを通り，再度加熱されて逆洗式ストレーナ，ファインフィルタを通ってエンジンに供給され，余分な重油はリターンパイプを経てエヤーセパレータに戻ってくる。

回路中の逆洗ストレーナはノッチワイヤ等の金網表面式のものが用いられる。メッシュの極端に小さいものを使うと清浄効果はあるが目詰りをおこしやすく，そのために逆洗回数がきわめて多くなって使用上支障を来すので，実用的には15μm程度以上のものが用いられている。また，現在市販のファインフィルタはエレメント内部できょう雑物を捕捉する繊維状のものが使われているが捕捉粒子径は5μm程度のものまで製造されている。エレメントは使い捨て式であり，耐久時間は重油の性状にもよるが約1,000〜2,000時間といわれている。

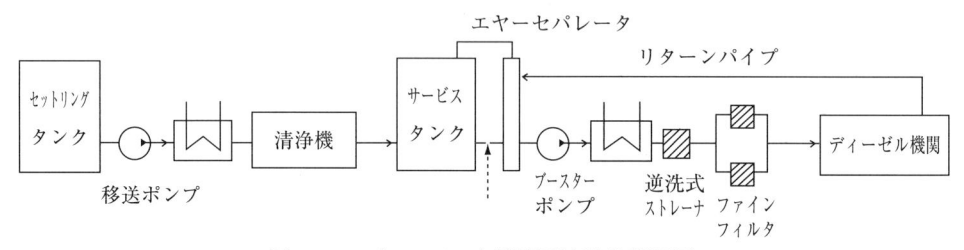

図2.17 ディーゼル主機関重油清浄装置例

(2) システム用潤滑油の場合

図2.18にディーゼル主機関システム油の清浄処理装置の例を示した。すなわち，②サンプタンクから④主潤滑油ポンプ，⑥潤滑油クーラ，①ディーゼル主機関そして②に戻る主回路と，②サンプタンクから⑧遠心清浄機を通って②に戻る回路，そして停泊中に使われる②サンプタンクから⑩潤滑油移送ポンプ，⑪主セットリングタンク，⑧遠心清浄機を経て②に戻る回路とにわかれる。

小型船舶の場合は⑤二次フィルタ出口から分岐して②サンプタンクに戻るバイパス式清浄を行なっているものもある。日本舶用機関学会機関第一研究委員会報告No.77による船舶調査資料によると，③一次フィルタには250〜500μm単式金網が使われ，⑤二次フィルタには2サイクル機関で63〜150μm複式金網が，そして4サイクル機関で20〜30μm自動逆洗型が使用されていると報告されている。

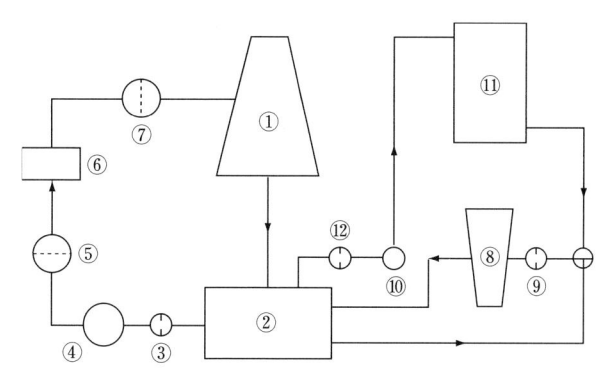

①ディーゼル主機関，②サンプタンク，③一次フィルタ，④主潤滑油ポンプ，⑤二次フィルタ，⑥潤滑油クーラ，⑦インディケーションフィルタ（中速機関で採用されている例が多い），⑧遠心清浄機，⑨清浄機入口フィルタ，⑩潤滑油移送ポンプ，⑪主セットリングタンク，⑫移送ポンプ入口フィルタ

図2.18　ディーゼル主機関システム油清浄装置例

2.5　油ろ過器の洗浄法

（1）　連続自動逆洗洗浄

エレメントに油を通すと表面にケーキ層の生成によりろ過抵抗を増し，差圧が上昇する。この差圧上昇をキャッチして，自動的にわずかな油を逆流させ，エレメント表面に付着したケーキ層を剥離洗浄してドレン排出させる方式で，通常はろ過流量を低下させないようエレメントを油圧または電動で低速回転させながら部分的に連続して洗浄する方法が採用されている。金網式，ノッチワイヤ式ろ過器にはこのタイプが多く，全て自動化しているので取り扱いは容易であるが，機構が複雑で高価となる。

（2）　間欠自動逆洗洗浄

エレメントの目詰り状態を差圧で検出し，設定値以上になった時またはタイマーによる設定時間になると自動的に逆洗を行なう方式で，逆洗処理は間欠的に行なわれる。

（3）　手動逆洗洗浄

差圧の上昇からエレメントの目詰りを察知し，運転者がコックを切り換えて逆洗を行なうもので，ON，OFFは全て手動による。金属積層板フィルタなどはこの方式が採用されている。

（4）　開放洗浄

自動あるいは手動洗浄装置を持たないろ過器は，必要に応じて分解開放してエレメントの洗浄を行なう必要がある。遠心式こし器はこの方式である。しかし，洗浄装置を持っているろ過器でも，長期間使用すると逆洗では除去できない付着物が器内に残留するため，開放洗浄して除去す

る必要がある。

(5) 使い捨て

セルローズ，フェルト，岩綿，金属綿などの繊維や紙などによるエレメントは，油中のきょう雑物が層の内部に入り込んで捕捉されているため，洗浄して再使用することは困難である。通常は，使用限界（差圧，使用期間など）に達したのちは分解してエレメントを交換し，使用済みのものは廃棄，焼却する。

3. 石油のろ過理論

3.1 ろ過に関係ある用語

(1) 空隙率 (void ratio 〔λ％〕)

エレメントろ材の空隙容積とろ材全容積との比を空隙率λ％という。例えば図3.1に示したように，ろ材球に外接する立方体の体積から球の体積を差し引けば空隙が求まり，それを立方体の体積で除せば空隙率が求められる。これを平面的に考えてみると，近似的には図3.2 (a)，(b) に示すように，空隙を空孔と考えて D_0 をろ材粒子直径，D_1 を空孔直径とすると

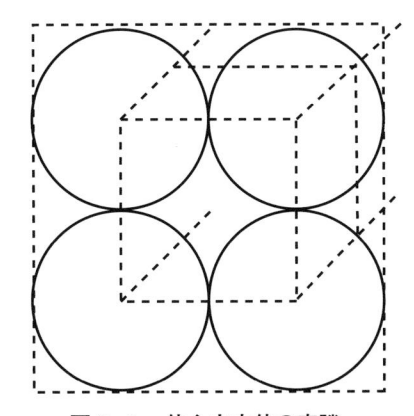

図3.1 体心立方体の空隙

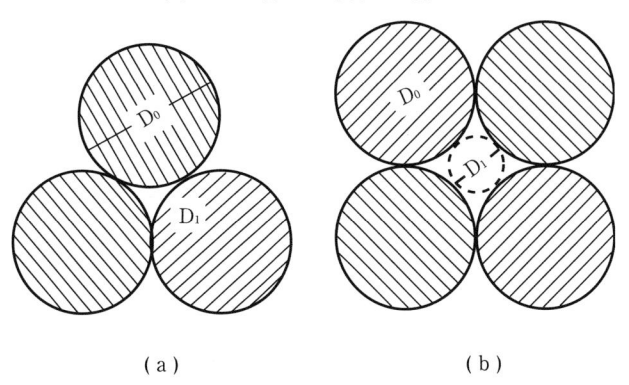

(a) **(b)**

図3.2 球状粒子による空孔の例

(a) の場合 $\quad D_1 = D_0 \left(\dfrac{2}{\sqrt{3}} - 1 \right) = 0.155 D_0$ ……………………………………（1）

〔証明〕図3.3を参照して3球の中心を結ぶ正三角形を考え，その面積をA，高さをhとすると

$$A = 1/2D_0 h = 1/2D_0 \sqrt{3}/2D_0 = \sqrt{3}/4D_0^2 \quad \cdots\cdots\cdots\cdots\cdots\cdots\cdots\cdots\cdots\cdots\cdots\cdots\cdots\cdots\cdots\cdots (2)$$

図3.4を参照すると

$$A = \sqrt{3}/4D_0^2 = 1/2(D_0/2 + D_1 + x)$$

$$x = \sqrt{3}/2D_0 - 1/2D_0 - D_1 \quad \cdots\cdots\cdots\cdots\cdots\cdots\cdots\cdots\cdots\cdots\cdots\cdots\cdots\cdots\cdots (3)$$

また図3.3中の小二等辺三角形(斜線部分)について考えると,(2)式から

$$1/3A = \sqrt{3}/12D_0^2 = 1/2D_0(x + D_1/2)$$

$$x = \sqrt{3}/6D_0 - 1/2D_1 \quad \cdots\cdots\cdots\cdots\cdots\cdots\cdots\cdots\cdots\cdots\cdots\cdots\cdots\cdots\cdots\cdots\cdots (4)$$

(3)式と(4)式から

$$\sqrt{3}/2D_0 - 1/2D_0 - D_1 = \sqrt{3}/6D_0 - 1/2D_1$$

$$D_1 = D_0(1.1547 - 1) = 0.155D_0$$

(b)の場合 $D_1 = D_0(\sqrt{2} - 1) = 0.414D_0$ $\cdots\cdots\cdots\cdots\cdots\cdots\cdots\cdots\cdots\cdots\cdots\cdots\cdots\cdots (5)$

〔証明〕図3.5から4球の中心を結ぶ正方形に斜線を引き,ピタゴラスの定理を使うと

$$(D_0 + D_1)^2 = D_0^2 + D_0^2 = 2D_0^2$$

$$D_0 + D_1 = \sqrt{2}D_0$$

$$D_1 = (\sqrt{2} - 1)D_0 = (1.414 - 1)D_0 = 0.414D_0$$

空孔直径D_1はろ材粒子直径D_0の15.5〜41.4%範囲にあることになるが,実際には16.3〜20.0%の範囲で平均18.2%であることから,エレメントは(a)の形状が多いとして,設計値としては$\lambda = 18\%$を用いる場合が多い。しかし図3.2に示したろ材粒子の周辺には,スラッジ,アスファ

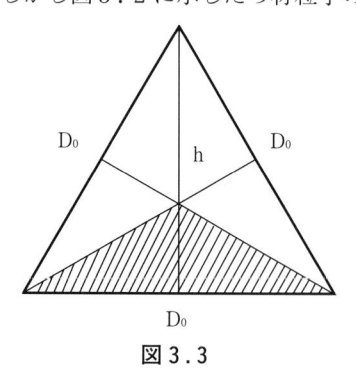

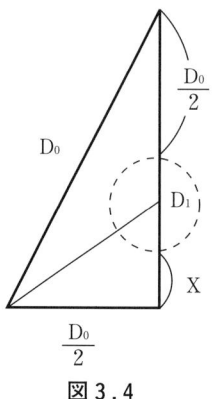

図3.3

図3.4

3．石油のろ過理論

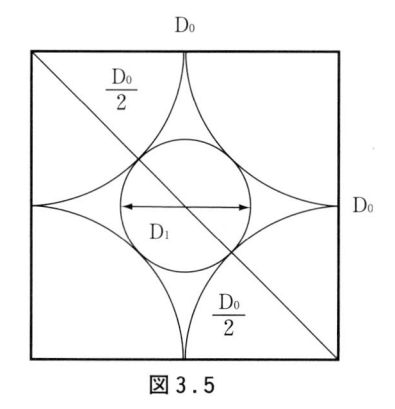

図3.5

ルテン，ワックスあるいは異物粒子による架橋形成物（bridge formation）のため，実用面ではさらに空隙率 λ は減少してくることになる。

（2）ろ過粒度（filtered particte size〔β_D〕）

油のろ過粒度 β_D を調べるには，いろいろな方法があるが，図3.6に示すマルチパス試験法（ISO 4572）がもっとも実用的立場に近い方法といわれている。この方法では試験用フィルタを油の循環回路に装備し，フィルタの入口側と出口側から頻繁に採取したサンプルについて，ろ過粒子の寸法及び個数を計測すること，及びダスト粒子の添加混入を連続して行なう（10, 20, 30, 40μm 粒子について行なうのが基本）などの特色がみられる。試験フィルタ入口側サンプルの単位体積中の $D\mu$m 以上の粒子数を $N_1(D)$，フィルタ出口側サンプルのそれを $N_2(D)$ とするとき，ろ過粒度 β_D は次式で求める。

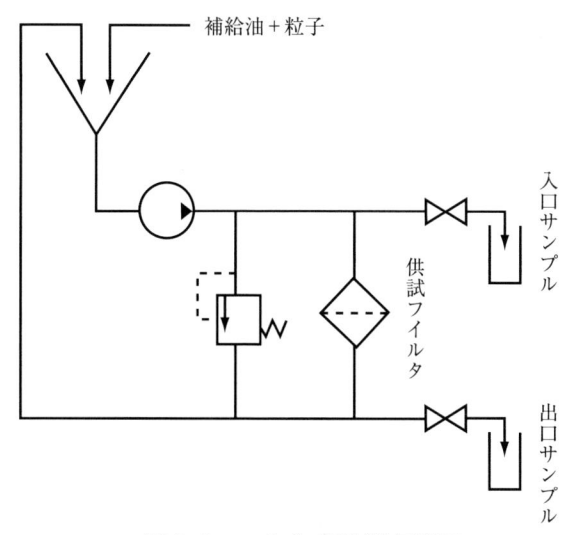

$$\beta_D = \frac{N_1(D)}{N_2(D)} \quad\cdots\cdots\cdots\cdots(6)$$

図3.6　マルチパス試験回路図

ろ過粒度曲線の例を図3.7に示した。すなわち，粒子径の大きいものをろ過した場合ほど$N_2(D)$は小になるので$β_D$は大になり，反対に粒子径の小さいものをろ過した場合ほど$N_2(D)$は大になるので$β_D$は小さくなる。しかし，マルチパス試験法にも次の問題点がある。

① 流速が指定されていないので，試験用フィルタの計画流速で試験することが必要であろう。
② 脈動流が考慮されていないので実用的試験の立場から脈動流も含めたろ過粒度を調べるべきであろう。

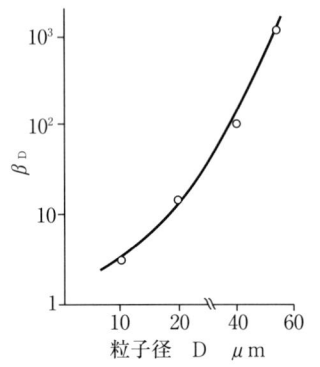

図3.7 フィルタのろ過粒度曲線

（3） 公称ろ過比（nominal filtration ratio〔$β_x$〕）

フィルタの粒子径を指定し，上述のN_1及びN_2をwt%で表した比を公称ろ過比$βx$と呼び，次式で計算する。

$$βx = \frac{入口側粒子量 D_1 \text{ wt\%}}{出口側粒子量 D_2 \text{ wt\%}} \quad \cdots\cdots (7)$$

通常，ある粒子径で100以上とか，200以上などとオーダされる場合が多く，D_2が小さいほど$βx$は大きくなる。

（4） ろ過効率（filtration efficiency〔$η$〕）

S_1：ろ過器に供給される油中の不溶解分 wt%または mg/l
S_2：ろ過器通過後の油中の不溶解分 wt%または mg/l

$$η = \left(1 - \frac{S_2}{S_1}\right) \times 100\% = \left(1 - \frac{1}{βx}\right) \times 100\% \quad \cdots\cdots (8)$$

$η$と$βx$の関係をグラフ化すると図3.8のようになり，$βx$が100以上になると$η$は100%に収斂してくる。

また，油の性状と$η$との関係について考えてみる。いま，油の粘度を$μ$，流量をQ，エレメントの不溶解分負荷量をLとすると

$$η = f(μ, Q, L)$$

LはQと相関性のあることが実験的に判っているので

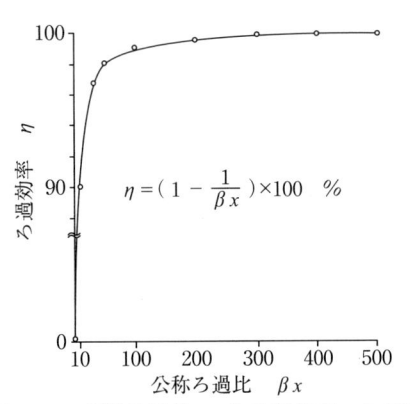

3．石油のろ過理論

$$\eta = \left(1 - \frac{1}{\beta x}\right) \times 100 \quad \%$$

図3.8　公称ろ過比 βx とろ過効率 η との関係

$$\eta = f(\mu, L) \quad \cdots\cdots\cdots\cdots\cdots\cdots\cdots\cdots\cdots\cdots\cdots\cdots\cdots\cdots\cdots\cdots\cdots\cdots \quad (9)$$

（9）式を微分すると

$$d\eta = \left(\frac{d\eta}{d\mu}\right)_{QL} d\mu + \left(\frac{d\eta}{dL}\right)_{\mu Q} dL$$

ここで実験的に

$$\left(\frac{d\eta}{d\mu}\right)_{QL} = \frac{K_1}{\mu}$$

$$\left(\frac{d\eta}{dL}\right)_{\mu Q} = K_2 + K_3 Q^2$$

とおくことができ，これを上式に代入すると

$$d\eta = \left(\frac{K_1}{\mu}\right) d\mu + (K_2 + K_3 Q^2) dL$$

これを積分すると

$$\eta = K_1 \log\mu + (K_2 + K_3 Q^2) L + C$$

K_1，K_2，K_3 は実験定数，C は積分定数である。従って，η は油の粘度の対数及び流量の二乗に影響を受け，油が高粘度であるほど，また流速が早いほど η は低下し，通常の場合は $\eta = 30 \sim 60\%$ 程度の値となるが，清浄分散剤添加の HD システム油の場合などはさらに低下する傾向にある。

W.J.EWBANK の実験例を図3.9及び図3.10に示した。図3.9では L を一定にした場合，油の粘度が大きいほど η は低下し，また粘度 μ を一定にすると不溶解分負荷量 L が大きいほど η は低下する。図3.10では L を一定とした場合，流速が大きいほど η は低下し，流速一定の場合は L が増加するほど η は低下する。

図3.9　ろ過効率 η に及ぼす油動粘液の影響

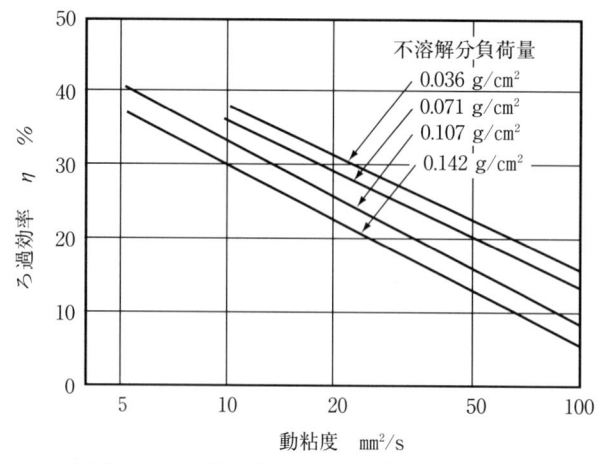

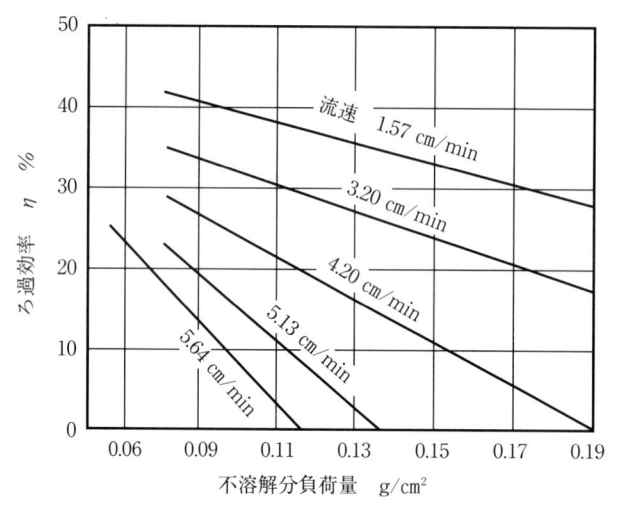

図3.10　ろ過効率 η に及ぼす流速及び不溶解分負荷量の影響

(5) 不溶解分捕集容量 (insoluble residue collect capacity 〔W〕)

一定割合で注入した試験用ダストの総量を，〔注入率〕×〔フィルタ目詰り圧力までの運転時間〕で求め，この重量をフィルタが捕集したダスト量とみなす。

$$W = QK_i\eta h = 2\pi rHK \cdot \frac{\Delta p}{\mu} \cdot K_i\eta h \quad \cdots\cdots (10)$$

W：不溶解分捕集容量（kg）
Q：処理油量（kg/h）
K_i：油中の不溶解分濃度（kg/kg）
η：ろ過効率（累積効率）
h：目詰り差圧（例えば $\Delta p = 0.5 kgf/cm^2$）までのろ過時間（h）
r：エレメントの半径

H：エレメントの長さ

Δp：エレメント出入口の差圧

μ：油の粘度

K：実験定数

Wはエレメントのろ過面積，目の粗さ，油中の不溶解分の量及び粒径の分布，油の流量及び粘度に左右される。

Wを増すためには表面式フィルタではエレメントのろ過面積の拡大，深層式フィルタではエレメント材の量を増すこと，不溶解分の粒径分布に合わせた複数のエレメント（荒目のものと細目のものの組み合せ）の使用，必要以上に細目のものの使用を避けること，油中のろう分，アスファルテン，スラッジ分などの粘ちょう物質のエレメント表面への付着を防止するため，適切な前処理（油清浄機，ホモジナイザー，スターテックミキサーなど）も必要である。

（6） 流　速（flow speed〔U〕）流　量（flow quality〔Q〕）

半径rの円筒形エレメントを流れる油の状態を示す略図を図3.11に示した。いま

U：流　速

Q：流　量

K：エレメントの形状，大きさ，空隙率によって決まる常数

μ：油の粘度

H：エレメント筒の高さ

Δp：エレメント出入口の圧力差

とすると，エレメント内を流れる油は層流域にあるとすると

$$U = \frac{Q}{2\pi rH} \quad \cdots\cdots (11)$$

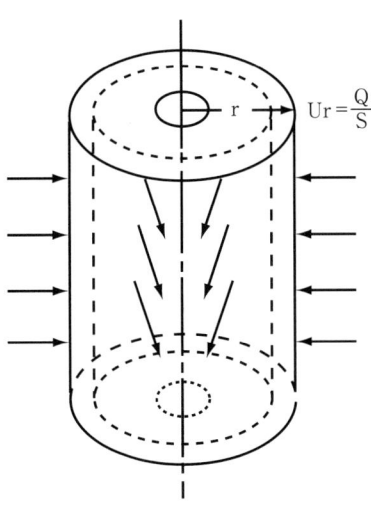

図3.11　円筒状フィルタにおける油の流れ

$$Q = \frac{2\pi r K H \Delta p}{\mu} \quad \cdots\cdots\cdots\cdots\cdots\cdots\cdots\cdots\cdots\cdots\cdots\cdots\cdots\cdots\cdots\cdots\cdots\cdots\cdots\cdots\cdots\cdots\cdots\cdots\cdots\cdots\cdots\cdots\cdots\cdots \quad (12)$$

すなわち，流速 u は流量 Q が一定の場合はエレメントの表面積が大きいほど小となり，また，エレメントの表面積が一定の場合は，流速 u が大きいほど流量 Q は大きくなる。

また流量 Q はエレメントの表面積及び差圧 Δp に比例し，油の粘度 μ に逆比例する。

（7） エレメントのろ過抵抗 (resistance of element〔R〕)

R_1：エレメントの抵抗
R_2：エレメントに付着したろ滓 (cake) の抵抗
H：エレメントの長さ
r：エレメントの半径
Δp：エレメント出入口の差圧
Δp_0：エレメントの初期差圧
Q：流　量
μ：油の粘度
K：実験定数

$$Q = 2\pi r H K \Delta p / \mu \quad \cdots\cdots\cdots\cdots\cdots\cdots\cdots\cdots\cdots\cdots\cdots\cdots\cdots\cdots\cdots\cdots\cdots\cdots\cdots\cdots\cdots\cdots\cdots\cdots\cdots \quad (13)$$

$$R_1 = \Delta p_0 / Q = \mu / 2\pi r H K \quad \cdots\cdots\cdots\cdots\cdots\cdots\cdots\cdots\cdots\cdots\cdots\cdots\cdots\cdots\cdots\cdots\cdots\cdots\cdots \quad (14)$$

$$\Delta p = Q(R_1 + R_2) \quad \cdots\cdots\cdots\cdots\cdots\cdots\cdots\cdots\cdots\cdots\cdots\cdots\cdots\cdots\cdots\cdots\cdots\cdots\cdots\cdots\cdots\cdots\cdots\cdots\cdots \quad (15)$$

また R_2 については，一定時間にろ過した油の容量を V，元油中のゴミの含有割合を S，エレメント表面に付着したケーキ層の厚さを L_2，エレメントの見掛け流路断面積を A とすると

$$AL_2 = SV \quad \cdots\cdots\cdots\cdots\cdots\cdots\cdots\cdots\cdots\cdots\cdots\cdots\cdots\cdots\cdots\cdots\cdots\cdots\cdots\cdots\cdots\cdots\cdots\cdots\cdots\cdots\cdots\cdots\cdots\cdots\cdots\cdots \quad (16)$$

μ_c をケーキの粘度，K_2 をケーキの浸透係数とすると

$$R_2 = \frac{\mu c L_2}{K_2 A} = \frac{\mu c S V}{K_2 A^2} \quad \cdots\cdots\cdots\cdots\cdots\cdots\cdots\cdots\cdots\cdots\cdots\cdots\cdots\cdots\cdots\cdots\cdots\cdots\cdots\cdots\cdots\cdots \quad (17)$$

いま，エレメントの抵抗 $R_1 = \mu L_1 / K_1 A$，ケーキの抵抗 $R_2 = \mu c L_2 / K_2 A^2$ とおくと

$$Q = \frac{\Delta p}{R_1 + R_2} = \frac{\Delta p}{\dfrac{\mu L_1}{K_1 A} + \dfrac{\mu_c L_2}{K_2 A^2}} \quad \cdots\cdots\cdots\cdots\cdots\cdots\cdots\cdots\cdots\cdots\cdots\cdots\cdots\cdots \quad (18)$$

（8） 架橋形成物 (bridge formation)

図 3.12 の模型図に示したように，ℓ の隙間をもったろ材に直径 D_0 の固形物が丁度はまり込んだとすると $\ell = D_0$ となり，上下に扇形の間隙が 2 ヶできることになる。この小さな上下の間隙は

$$D_0^2 - \pi \left(\frac{D_0}{2}\right)^2 = D_0^2 \left(1 - \frac{\pi}{4}\right) = 0.215 D_0^2$$

図 3.12 目詰り模型図

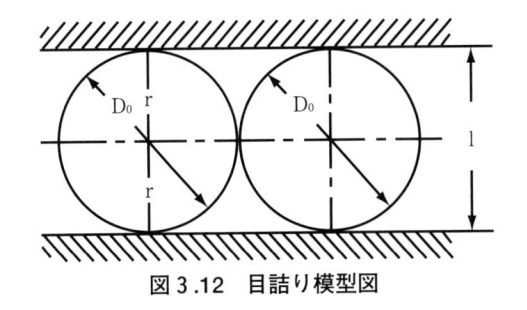

一つの間隙については
$$0.215 D_0^2 / 2 = 0.108 D_0^2$$
となり，D_0 の直径をもった固形物の10％程度の断面積しか隙間がないことになり，D_0 の粒子より大きな固形物が付着した場合の隙間はさらに小さくなる。この現象をブリッジフォーメーションと呼ぶ場合と，付着した物質たとえば炭素粒子，スラッジ，アスファルテン，ワックスなどの固形物を呼ぶ場合とがある。ブリッジフォーメションをおこすとろ過器の空隙率が減少するのでろ過精度は良くなるが差圧が上昇し，流量は減少する。従って，逆洗，開放掃除などでろ過器の洗浄が必要である。

3.2 油のろ過清浄の解析

(1) 全流ろ過 (full flow filtration)

主配管に送入された油の全てを同時にろ過清浄する方法で，ろ過後の油の不溶解分濃度は $K_i(1-\eta)$ で表わされる。ただし，K_i：ろ過前の油の不溶解分濃度，η：ろ過効率を表わす。

(2) 側流ろ過 (by-pass filtration)

システム用潤滑油の清浄に広く用いられ，その系統図を図 3.13 に示した。

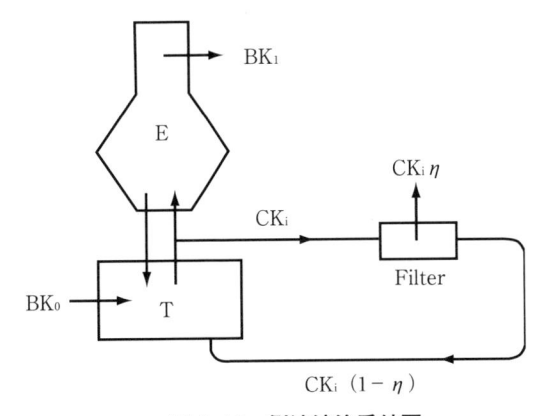

図 3.13 側流清浄系統図

L（kg）　　：システム油量
A（kg/h）　：システム油中に混入・生成される残さ量
B（kg/h）　：毎時補給油量
C（kg/h）　：システム新油の残さ濃度
K_i（wt%）：t_i時間後のシステム油の残さ濃度
η（%）　　 ：ろ過効率
t（h）　　　：システム油延使用時間

とすると図3.13から

$$L(K_{i+1} - K_i) = A + BK_0 - CK_i\eta - BK_i$$
$$L(K_{i+1} - K_i) = A + BK_0 - (C\eta + B)K_i$$
$$(K_{i+1} - K_i) = \frac{C\eta + B}{L}K_i = \frac{A + BK_0}{L}$$

上式から次の微分方程式が立てられる。

$$\frac{dK}{dt} + \frac{C\eta + B}{L}K = \frac{A + BK_0}{L}$$

これをKについて解けば

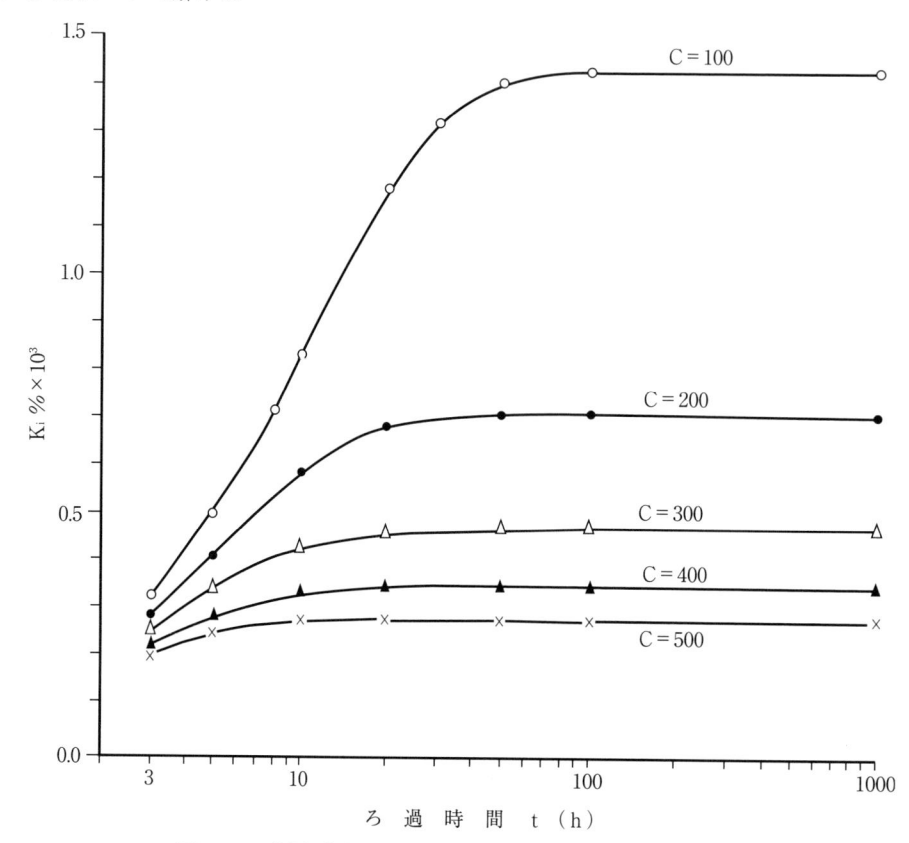

図3.14　側流清浄ろ過による油中の汚染物質の濃度変化

$$K = \frac{A + BK_0}{C\eta + B} + R \exp\left\{-\frac{C\eta + B}{L}t\right\}$$

いま t=0 のとき K=K₀ であるから

$$R = K_0 - \frac{A + BK_0}{C\eta + B} \qquad R：積分常数$$

従って

$$K_i = \frac{A + BK_0}{C\eta + B} + \left(K_0 - \frac{A + BK_0}{C\eta + B}\right) \exp\left\{-\frac{C\eta + B}{L}t\right\} \quad \cdots\cdots (19)$$

$\exp x = e^x$

システム新油中の残さ濃度が無視できる場合は $K_0 = 0$ とおいて

$$K_i = \frac{A}{C\eta + B}\left\{1 - \exp\left(-\frac{C\eta + B}{L}t\right)\right\} \quad \cdots\cdots (20)$$

さらに，ろ過器が完全に目詰ったか，側流清浄していない場合は $\eta = 0$ となり

$$K_i = \frac{A}{B}\left\{1 - \exp\left(-\frac{B}{L}t\right)\right\} \quad \cdots\cdots (21)$$

具体例について考えてみることにする。L=800, A=0.001, B=0.020, C=100〜500, K₀=0, η=0.70, t=3〜1,000 とし (19) 式により求めた結果を図3.14にまとめてみた。この条件では約100時間後からはほとんど平衡濃度になってしまうことになる。

(3) 非逆洗エレメントの耐用時間（possible hours in use for non-backflush element）

前記した (19) 式から耐用時間 t について整理すると

$$t = \frac{L}{C\eta + B} \log e\left(\frac{K_i(C\eta + B)}{A} - 1\right) \quad \cdots\cdots (22)$$

具体例として L=2,000, A=0.001, B=0.020, C=100〜500, K_i=0.05, η=0.10 （清浄分散剤を含むため）とすると図3.15のようになり，流量 C が多いほど短時間で許容限界濃度に達する結果となる。

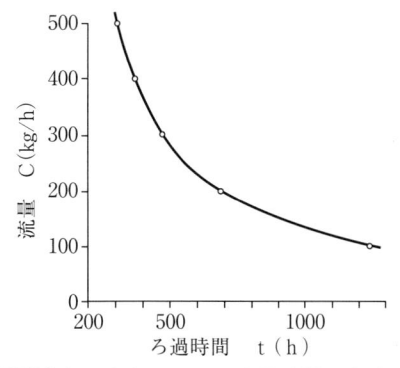

図3.15 K_i が許容限界濃度に達するまでのろ過時間 t と流量 C との関係（一例）

(4) 目詰り指数 (silting index)

　流体中に含まれる 5 μm 以下の微粒子による影響を調べるための一指標で, 図3.16に示すような吸引ビンを用い, 硬質ガラス製ファンネルの下端に0.8μm の薄膜フィルタを装入した容器を用いる。測定は同一試料液について容量を違えて3回, 一定の差圧を掛けて吸引ろ過し, それぞれの容量の液体が薄膜を通って流出する時間を測定する。すなわち, 1回目の容量を V_1 (少量とする), 2回目を V_2, 3回目は $V_3 = 2V_2$ とする。

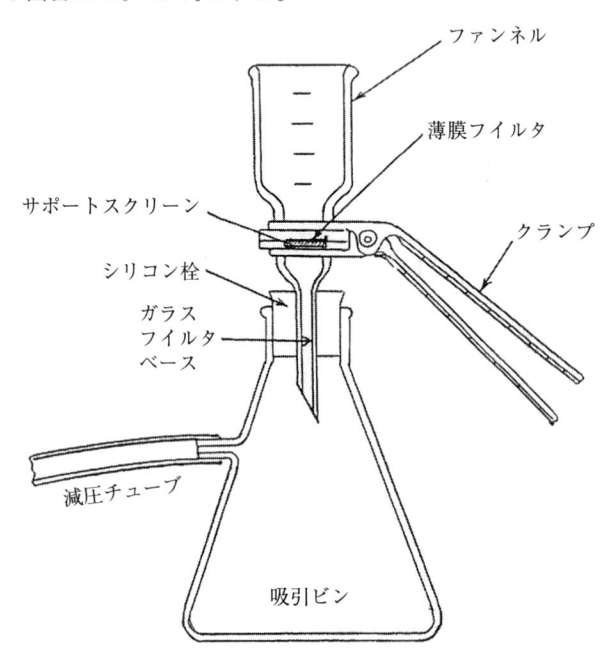

図3.16　目詰り指数の測定装置の例

　目詰り指数 (S) は次式で計算する。

$$S = (t_3 - 2t_2)/t_1 \quad \cdots\cdots\cdots (23)$$

t_1, t_2, t_3：V_1, V_2, V_3 の試料液の吸引ろ過に要した時間 (秒) と表わす。
具体的な例について述べると, ある試料油について

　　$V_1 = 5$ ml　　→ $t_1 = 14$秒
　　$V_2 = 20$ ml　 → $t_2 = 68$秒
　　$V_3 = 2V_2 = 40$ ml → $t_3 = 162$秒
　　$S = (162 - 2 \times 68)/14$
　　　$= 1.857$

測定中の温度が一定であれば, 試料の粘度に対する配慮は不要である。S 値が小さいほど目詰りしにくい試料液であるとみなされる。

（5） 粒子捕捉効率（particle retention efficency）

たとえば図3.17のような装置を使い表3.1の条件で測定する。スラリー液を流し始めてからフィルタ容積の約4倍容採取したろ過液中のダスト量（重量）を測定し，次式で粒子捕捉効率 Er を求める。

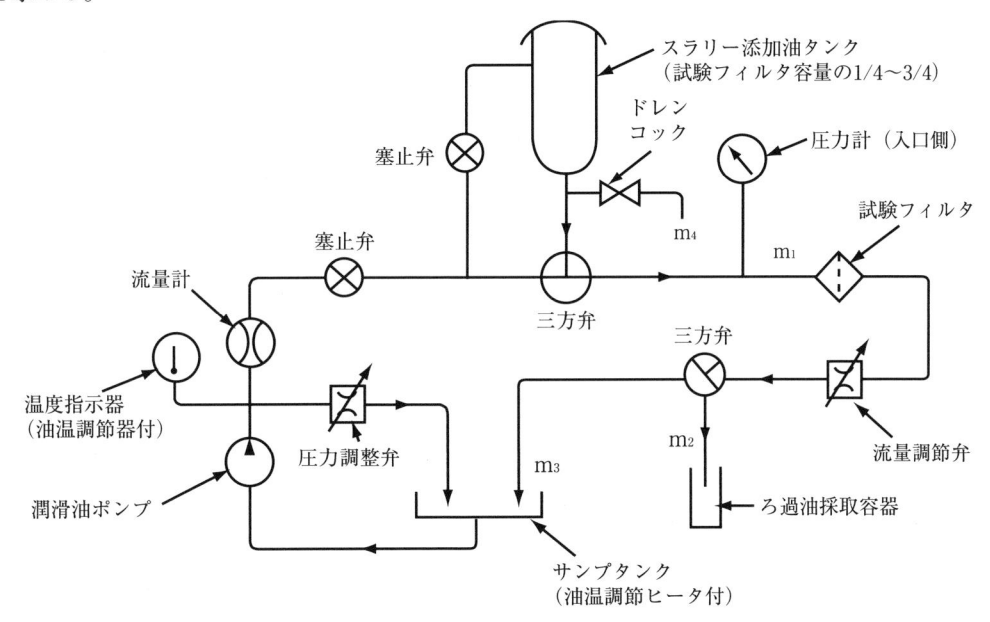

図3.17 粒子捕捉効率の試験装置系統図

表3.1 粒子捕捉効率の試験条件

項　目	条　件
試 料 油 名	ストレート鉱油。SAE30又はVG150
試料油の動粘度	22.8～25.2mm²/s，SAE30は約74℃，VG150は約83℃に加熱。
ダ　ス　ト	50%平均粒子半径6.4～57μm。
フィルタ通油量	使用者と製造者で協議する。特に仕様のない時は1.5 ℓ/sec/m² とする
試料油の容量	22.5 ℓ （6 ℓ 以上のこと）
ダスト総量	12±0.002g （60mg/ℓ 以下のこと）

$$E_r = (1 - m_2/m_1) \times 100\% \quad \cdots\cdots\cdots\cdots\cdots\cdots\cdots\cdots\cdots\cdots\cdots\cdots\cdots \quad (24)$$

　　m_1：フィルタ入口側液中のダスト重量 /50ml

　　m_2：フィルタ出口側液中のダスト重量 /50ml

油中のダスト重量を求めるには0.8μmのMFフィルタを用い，溶剤には油の場合は石油系のものを用いる。

具体例としてあるフィルタについて，各粒径をもったダストを使って求めた例を図3.18に示した。一般に粒径の大きなものほど捕捉効率 E_r は高くなる。

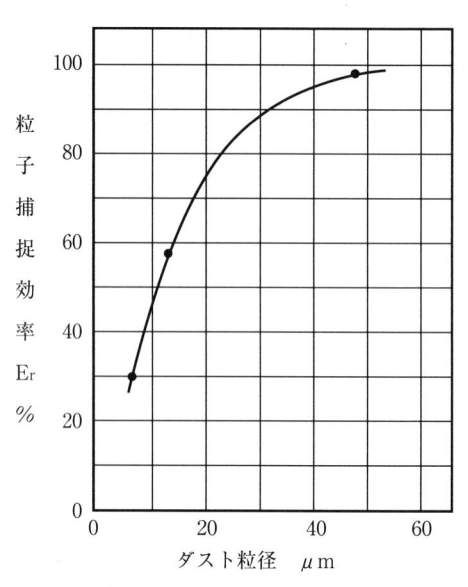

図3.18 粒子捕捉効率曲線の例

(6) 累積分離効率 (cumulative separation efficency〔E_c〕)

　ある粒径以上の粒子について，フィルタに捕集された粒子重量とフィルタへの供給粒子重量との比をいい，図3.19に示すような試験装置を使い，表3.2及び表3.3に示すような粒径及び成分をもったダストを加え，表3.4に示す試験条件で測定する。この試験は試料油を循環させながら一定時間（20分）ごとに一定量のダスト（15g）を加えてゆき，試験フィルタ前後の差圧

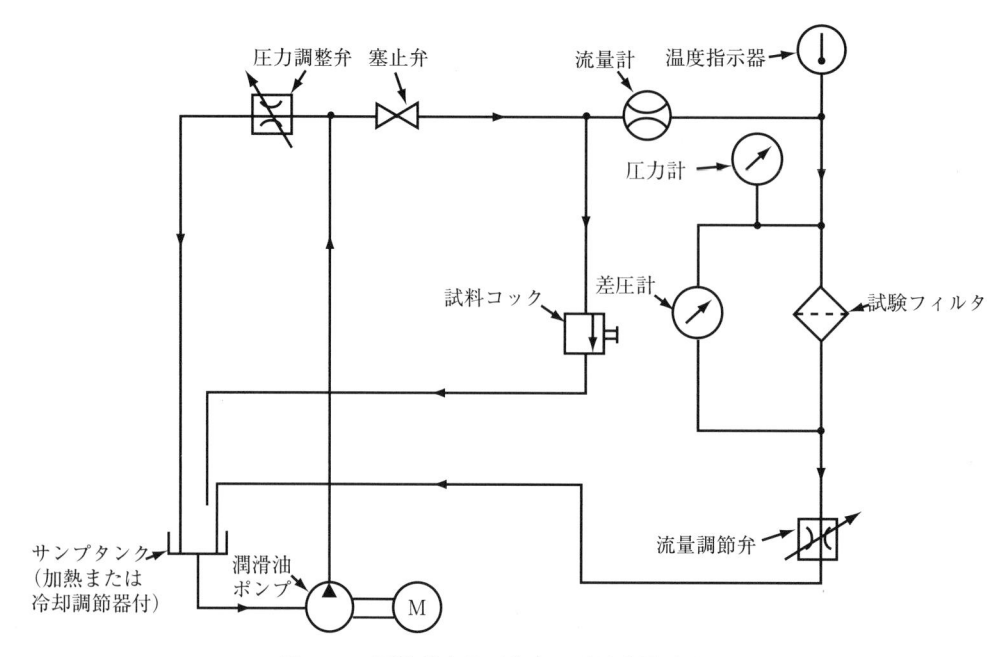

図3.19 累積効率及び寿命の試験装置系統図

が0.5kgf/cm²上昇するまで試験を継続する。

表3.4の試験条件によって，間隔をおいて採取した試料油中のダスト量（重量）について測定し，次式からフィルタの累積効率 E_c を計算で求める。

$$E_c = \frac{m_i - m_0}{m_i} \times 100\% \quad \cdots\cdots\cdots\cdots\cdots\cdots\cdots\cdots\cdots\cdots\cdots\cdots\cdots\cdots\cdots\cdots\cdots\cdots \quad (25)$$

m_i：サンプタンク油中の初期ダスト量（g）＋累積ダスト量（g）

m_0：試料コックから採取した初期試料油中のダスト量（g/ml）にサンプタンク内の総油量（ml）を掛けたもの。

いま，フィルタに対し累積効率試験の結果，次のようなデータが得られたとすると

表3.2 試験用ダストの粒径分布

粒 径 μm	分布範囲 wt%
75以下	95〜100
40以下	81〜87
20以下	64〜70
10以下	46〜52
5以下	32〜38
2以下	15〜20

表3.3 試験用ダストの成分

成 分	分布範囲 wt%
S_iO_2	67〜69
Fe_2O_3	3〜5
Al_2O_3	15〜17
CaO	2〜4
MgO	0.5〜1.5
全アルカリ	3〜5
加熱減量	2〜3

表3.4 試験条件

項 目	条 件
試 料 油 名	ストレート鉱油SAE30またはVG150
試料油の動粘度	22.8〜25.2mm²/s SAE30は約74℃，VG150は約83℃
ダ ス ト	天然アリゾナファインダスト （表4，表5参照）
フィルタ通油量	使用者と製造者で協議する。特に仕様のないときは1.5 ℓ/sec/m²とする。
試料油の容量	22.5 ℓ（6 ℓ以上のこと）
試料油のバイパス流量	0.375 ℓ/sec
ダスト投入率	15g/20分
試 験 終 了 点	差圧が0.5kgf/cm²を越えたとき

○サンプタンク総油量　　　22.5l＝22,500ml
○試料油採取量　　　　　　50ml
○初期ダスト量　　　　　　0.0675g/50ml

$$0.0675 \times \frac{22500}{50} = 30.375 \text{ (g)}$$

○ダスト投入量　　　　　　20分ごとに15gの割合

0分時　　$E_c = \dfrac{30.375 - 30.375}{30.375} \times 100 = 0\%$

60分後　　$E_c = \dfrac{75.375 - 30.375}{75.375} \times 100 = 59.70\%$

120分後　　$E_c = \dfrac{120.375 - 30.375}{120.375} \times 100 = 74.77\%$

240分後　　$E_c = \dfrac{210.375 - 30.375}{210.375} \times 100 = 85.56\%$

360分後　　$E_c = \dfrac{300.375 - 30.375}{300.375} \times 100 = 89.89\%$

480分後　　$E_c = \dfrac{390.375 - 30.375}{390.375} \times 100 = 92.22\%$

計算上は上記のように E_c は，試験開始直後は急激に上昇しやがて100％に収斂するが，測定結果の一例を示すと図3.20のようになり，途中から急な効率上昇と差圧の急上昇の現象が見受けられる。これは計算には出てこなかったフィルタ表面の架橋形成物（bridge formation）による影響で，同図中に示したフィルタの差圧上昇曲線の変化からも判ると思われる。

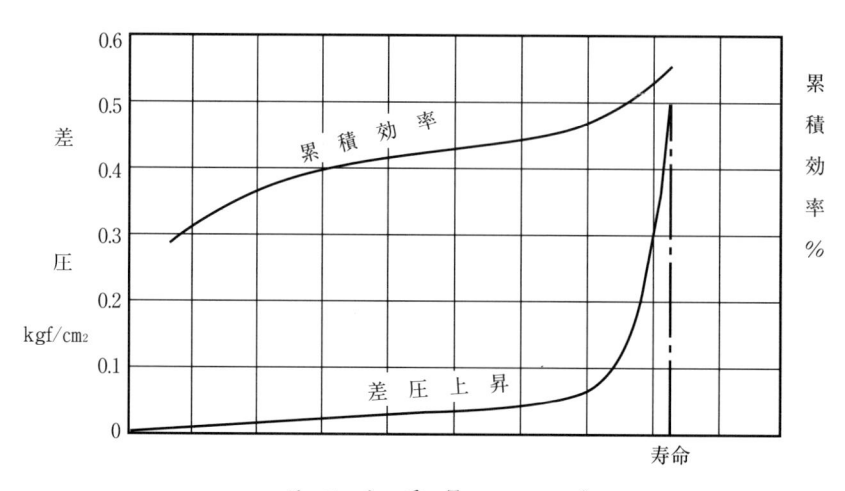

図3.20　ダスト重量に関する累積効率の変化及び差圧上昇の相関図

（7） 初期粒子捕捉効率（first stage particle retention efficency〔Er〕）

前述の図3.17と同じ試験装置を使い，試験するフィルタに対し表3.5の試験条件で測定する。試験用の試料油及びダストは下記のものを用いる。

表3.5　試験条件

項　目	条　　　　件
試　料　油　名	ストレート鉱油SAE30またはVG150
試料油の動粘度	$22.8 \sim 25.2 mm^2/s$ SAE30は約74℃，VG150は約83℃
ダ　ス　ト	グレード2～5（表3.6参照）
フィルタ通油量	使用者と製造者で協議する。特に仕様のないときは1.5 $\ell/sec/m^2$ とする。
試料油の容量	22.5 ℓ（6 ℓ 以上のこと）
ダスト総量	$12 \pm 0.002g$（60mg/ℓ 以下のこと）

① 試料油……SAE30（74℃前後に加熱）またはVG150（83℃前後に加熱）の鉱油を動粘度22.8～25.2mm²/sにして用いる。

② 試験用ダスト……表3.6に示した酸化アルミナダストの中の適当なものを用いるが，100～110℃で1h乾燥させたものであること。

表3.6　試験用ダスト

種　類	50%平均粒子粒径 μm
グレード2	6.4～7.4
〃　　3	12.7～14.5
〃　　4	27.8～32.4
〃　　5	51～57

試験方法はスラリー液を流し始めてからフィルタ容積の約4倍容採取したろ過油中のダスト量（重量）について測定し，次式でフィルタの初期粒子捕捉効率 Er を求める。

$$Er = \left(1 - \frac{m_2}{m_1}\right) \times 100\% \quad \cdots\cdots\cdots\cdots\cdots\cdots\cdots\cdots\cdots\cdots\cdots\cdots\cdots\cdots \quad (26)$$

m_1：フィルタ入口側油中のダスト重量 g/50ml＝$m_3 - m_4$

m_2：フィルタ出口側油中のダスト重量 g/50ml＝$m - m_0$

m_3：スラリー添加槽へ加えられたダスト重量 g/50ml

m_4：スラリー添加槽のドレン及びすすぎ油中のダスト重量 g/50ml

m：フィルタ出口側ろ過油中のダスト重量 g/50ml

m_0：空試験時のフィルタ出口側ろ過油中のダスト重量 g/50ml

いま，あるフィルタに対し，ある粒径のダストを用いて試験した結果，次のようなデータが求められたとすると

m_3：0.5700g/50ml　　m：0.1335g/50ml

m_4：0.0300g/50ml　　m_0：0.0675g/50ml

$m_1 = m_3 - m_4 = 0.5400$g/50ml

$m_2 = m - m_0 = 0.0660$g/50ml

$$Er = \left(1 - \frac{0.0660}{0.5400}\right) \times 100 = 87.8\%$$

各試料油をろ過するには0.8μm, 47または60φのMFフィルタを用い，溶剤には石油系のみのものを用いる。

3.3　油のろ過清浄の応用

燃料油，潤滑油中の不溶解物質を除くためには遠心分離機及びろ過器が一般的に用いられている。3.2（2）では側流ろ過について述べたが，本項では循環潤滑油について遠心分離機とろ過器を直列に連結して清浄した場合，及び並列に連結した場合の特徴についてそれぞれ実例を挙げて検討してみた。

V　：サンプタンク内の油量　　（m³）
W　：油中の不溶解分　　　　　（g/m³）
W_0：初期の油中の不溶解分　　（g/m³）
α　：不溶解分捕捉率　　　　（％）
Q　：流　量　　　　　　　　　（m³/h）
E_{in}：生成・混入不溶解分　　（g/h）
E_{out}：分離除去される不溶解分（g/h）
t　：浄油処理時間　　　　　　（h）

とおくと

$$WV = (E_{in} - E_{out})t = (E_{in} - Q\alpha W)t$$

$$\frac{W}{E_{in} - Q\alpha W} = \frac{t}{V}$$

tについて微分すると

$$\frac{dW}{E_{in} - Q\alpha W} = \frac{dt}{V} \quad \cdots\cdots (27)$$

いま，$\frac{E_{in}}{Q\beta} = \beta$ とおくと $E_{in} = Q\alpha\beta$

（27）式に代入して

$$\frac{dW}{Q\alpha\beta - Q\alpha W} = \frac{dt}{V}$$

$$\frac{dw}{\beta - W} = \frac{Q\alpha dt}{V}$$

tについて積分すると

$$\beta - W = (\beta - W_0)e^{-\frac{Q\alpha}{V}t}$$

$$W = \beta - (\beta - W_0)e^{-\frac{Q\alpha}{V}t} = \beta(1 - e^{-\frac{Q\alpha}{V}t}) + W_0 e^{-\frac{Q\alpha}{V}t} \quad \cdots\cdots (28)$$

$W_0 = 0$ の場合は

$$W = \beta(1 - e^{-\frac{Q\alpha}{V}t}) \quad \cdots\cdots (29)$$

（1） 直列式浄油の場合（$W_0 = 0$）

直列式潤滑油浄油システムモデルを図3.21に示した。同図において

Q_1 ：1,200 l/h＝1.2m³/h
Q_2 ：600 l/h＝0.6m³/h
Q_3 ：1.2−0.6＝0.6m³/h
F_1 の α_1 ：60%→0.6
F_2 の α_2 ：80%→0.8
V　：2,400 l＝2.4m³
W_0 ：0
E_{in} ：25g/h

β ：$\dfrac{E_{in}}{Q\alpha}$

まず，V → F_1 → Q_3 回路について考える。

$$\beta = \frac{25}{1.2 \times 0.6} = 34.72 \text{g/m}^3$$

$$\frac{Q_1 \alpha_1}{V} = \frac{1.2 \times 0.6}{2.4} = 0.3$$

(29) 式に代入して計算すると表3.7の結果となる。

つぎに P_2 → F_2 → V の回路について考える。この場合，回路の入口濃度は表3.7の W_1 の値となる。また

$$\beta = \frac{W_1}{0.6 \times 0.8}$$

$$\frac{Q_2 \alpha_2}{V} = \frac{0.6 \times 0.8}{2.4} = 0.2$$

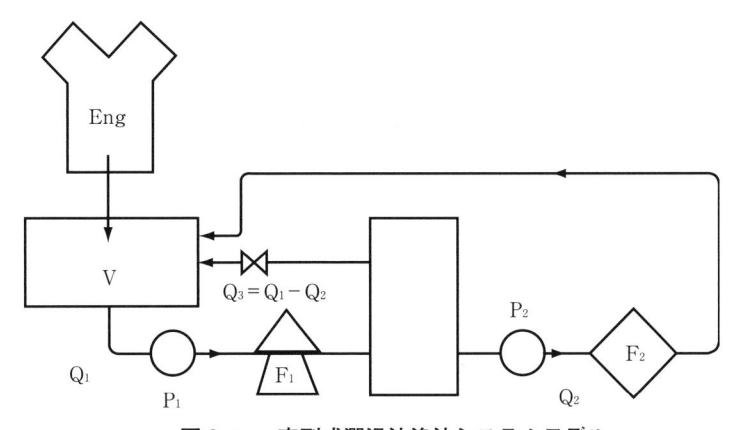

図3.21　直列式潤滑油浄油システムモデル

表 3.7

時間 t	$e^{-0.3t}$	W_1
0	1.0000	0.0000
1	0.7408	8.9994
3	0.4066	20.6028
5	0.2231	26.9740
7	0.1225	30.4668
10	0.0498	32.99
20	0.0025	34.63
30	0.0001	34.72
40	0.0000	34.72
50	0.0000	34.72

表 3.8

時間 t	β	$e^{-0.2t}$	W_2
0	0.00	1.0000	0.0000
1	18.75	0.8187	3.3994
3	42.92	0.5488	19.3655
5	56.20	0.3679	35.5240
7	63.47	0.2466	47.8183
10	68.73	0.1353	59.43
20	72.15	0.0183	70.83
30	72.33	0.0025	72.15
40	72.33	0.0003	72.31
50	72.33	0.0000	72.33

表 3.9

時間 t	総合濃度 W
0	0.00
1	6.20
3	19.98
5	31.25
7	39.14
10	46.21
20	52.73
30	53.44
40	53.52
50	53.53

$$W = \frac{W_1 Q_3 + W_2 Q_2}{Q_2 + Q_3}$$

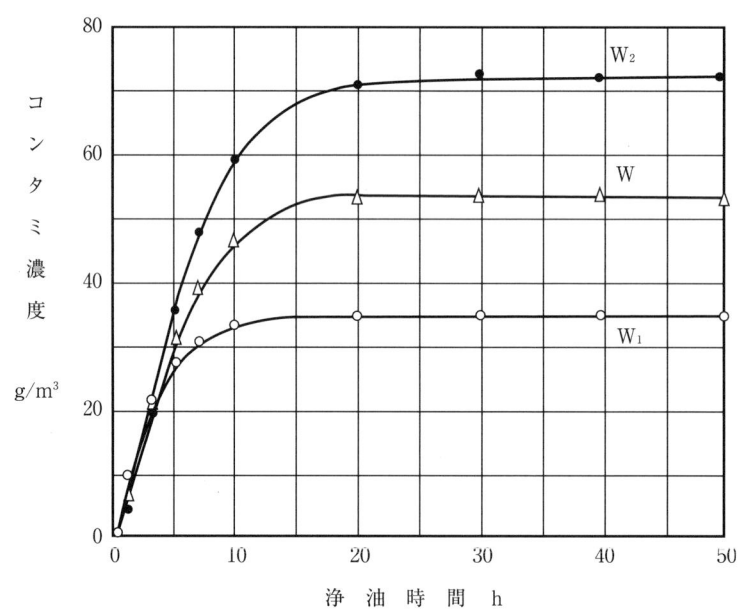

図 3.22 浄油時間とコンタミ濃度の関係

(29) 式に代入して計算すると表 3.8 のようになる。

従ってサンプタンク内の不溶解分濃度は W_1 及び W_2, そして流量 Q_2 及び Q_3 を加味して計算すると表 3.9 及び図 3.22 のような結果となり，40 時間後から 53.5g/m³ で一定濃度となる。

上記具体例にならって，流量違いの例について計算してみる。

    Q_1 ：2,400 l/h＝2.4m³/h

    Q_2 ：600 l/h＝0.6m³/h

    Q_3 ：2.4－0.6＝1.8m³/h

    F_1 の α_1 ：60％→0.6

    F_2 の α_2 ：80％→0.8

V ： 2,400 l = 2.4 m³

W_0 ： 80 g/m³

E_{in} ： 25 g/h

β ： $\dfrac{E_{in}}{Q\alpha}$

V → F_1 → Q_3 回路について考える。

$$\beta = \dfrac{25}{2.4 \times 0.6} = 17.36 \text{ g/m}^3$$

$$\dfrac{Q_1\alpha_1}{V} = \dfrac{2.4 \times 0.6}{2.4} = 0.6$$

前例のように（29）式に代入して計算して計算すると表3.10のようになる。

つぎに $P_2 \to F_2 \to V$ の回路について（29）式に代入して計算すると表3.11の結果となる。この場合，回路の入口濃度は表3.10の W_1 の値を用いた。

また，$\beta = \dfrac{W_1}{0.6 \times 0.8}$

$$\dfrac{Q_2\alpha_2}{V} = \dfrac{0.6 \times 0.8}{2.4} = 0.2$$

従ってタンク内潤滑油の不溶解分濃度は W_1 及び W_2，そして流量 Q_2 及び Q_3 を加味して計算すると表3.12及び図3.23の結果となり，30時間後から22.1g/m³で一定濃度となるが，前記の例に較べて Q_1 の流量を大にすることは浄油効果を著しく向上させることになる。

表3.10

時間 t	$e^{-0.6t}$	W_1
0	1.0000	0.00
1	0.5488	7.83
3	0.1653	14.49
5	0.0498	16.50
7	0.0150	17.10
10	0.0025	17.32
20	0.0000	17.36
30	0.0000	17.36
40	0.0000	17.36
50	0.0000	17.36

表3.11

時間 t	β	$e^{-0.2t}$	W_2
0	0.00	1.0000	0.00
1	16.31	0.8187	2.96
3	30.19	0.5488	13.62
5	34.38	0.3679	21.73
7	35.63	0.2466	26.84
10	36.08	0.1353	31.20
20	36.17	0.0183	35.51
30	36.17	0.0025	36.08
40	36.17	0.0003	36.16
50	36.17	0.0000	36.17

表3.12

時間 t	総合濃度W
0	0.00
1	6.61
3	14.27
5	17.81
7	19.54
10	20.79
20	21.90
30	22.04
40	22.06
50	22.06

$$W = \dfrac{W_1Q_3 + W_2Q_2}{Q_2 + Q_3}$$

```
                    40
                                                            ●    W₂
                       ┌──┬──┬──┬──┬──┬──┬──┬──┬──┬──┐
                    30 │  ●──●──●──●
   コ
   ン
   タ                    │ ●
   ミ                 20 │ △──△──△──△──△──△  W
   濃                    │○──○──○──○──○──○  W₁
   度
                    10
                g/m³
                     0 └──┴──┴──┴──┴──┴──┴──┴──┴──┴──┘
                       0    10    20    30    40    50
                              浄 油 時 間  h
```

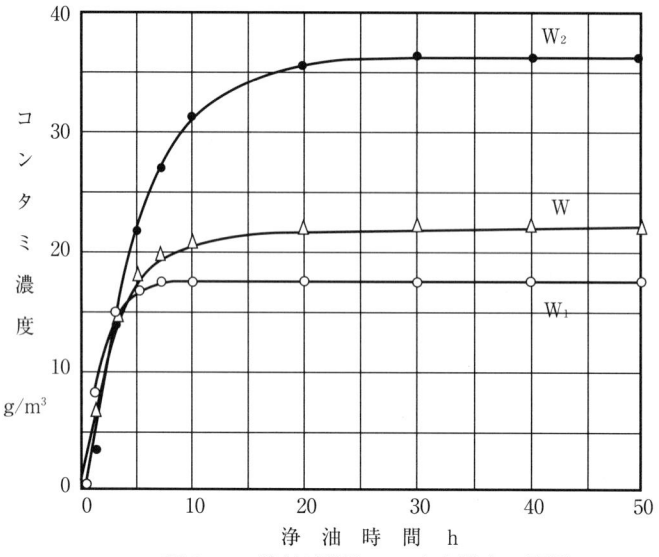

図3.23 浄油時間とコンタミ濃度の関係

(2) 直列式浄油の場合（$W_0 > 0$）

前記の図3.21に示した浄油回路について $W_0 > 0$ の具体例を計算してみる。

- Q_1 ：2,400 l/h＝2.4m³/h
- Q_2 ：600 l/h＝0.6m³/h
- Q_3 ：2.4－0.6＝1.8m³/h
- F_1 の α_1：60%→0.6
- F_2 の α_2：80%→0.8
- V ：2,400 l＝2.4m³
- W_0 ：80g/m³
- E_{in} ：25g/h
- β ：$\dfrac{E_{in}}{Q\alpha}$

$V \to F_1 \to Q_3$ 回路について考える。

$$\beta = \frac{25}{2.4 \times 0.6} = 17.36 \text{ g/m}^3$$

$$\frac{Q_1 \alpha_1}{V} = \frac{2.4 \times 0.6}{2.4} = 0.6$$

(28)式に代入して計算すると表3.13の結果となる。つぎに $P_2 \to F_2 \to V$ 回路について（28）式に代入して計算すると表3.14のようになる。この場合，回路の入口濃度は表3.13の W_1 の値を用いた。この際の

3．石油のろ過理論

$$\beta = \frac{W_1}{0.6 \times 0.8}, \quad \frac{Q_2 \alpha_2}{V} = \frac{0.6 \times 0.8}{2.4} = 0.2 \text{ となる。}$$

　従ってタンク内潤滑油中の不溶解分濃度は W_1 及び W_2, そして流量 Q_2 及び Q_3 を加味して計算すると表3.15及び図3.24のようになり，30時間後から22.1 g/m³の一定濃度に落ち付く結果は前記（1）の場合と同一である。

表3.13

時間 t	$e^{-0.6t}$	W_1
0	1.0000	80.00
1	0.5488	51.74
3	0.1653	27.71
5	0.0498	20.48
7	0.0150	18.30
10	0.0025	17.52
20	0.0000	17.36
30	0.0000	17.36
40	0.0000	17.36
50	0.0000	17.36

表3.14

時間 t	β	$e^{-0.2t}$	W_2
0	166.67	1.0000	80.00
1	107.79	0.8187	85.04
3	57.73	0.5488	69.95
5	42.67	0.3679	56.40
7	38.13	0.2466	48.46
10	36.50	0.1353	42.39
20	36.17	0.0183	36.97
30	36.17	0.0025	36.28
40	36.17	0.0003	36.18
50	36.17	0.0000	36.17

表3.15

時間 t	総合濃度W
0	80.00
1	60.07
3	38.27
5	29.46
7	25.84
10	23.74
20	22.26
30	22.09
40	22.07
50	22.06

$$W = \frac{W_1 Q_3 + W_2 Q_2}{Q_2 + Q_3}$$

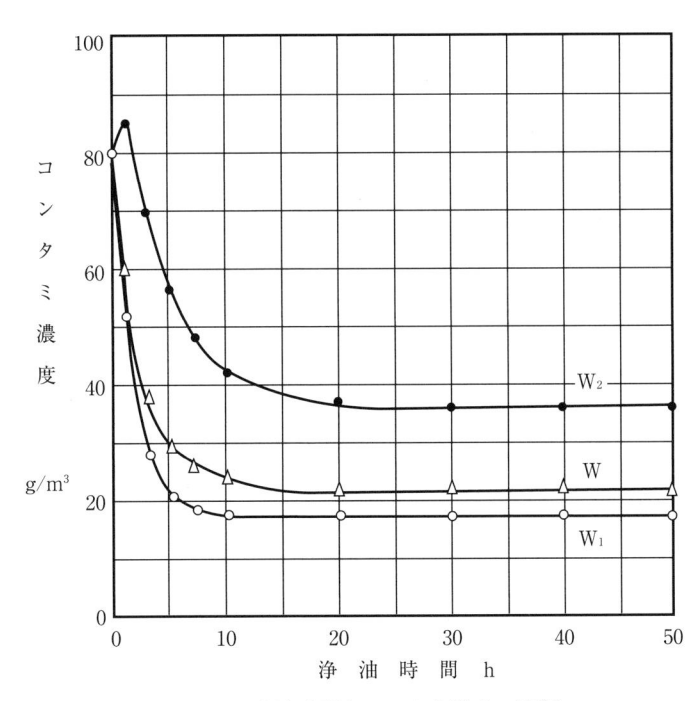

図3.24　浄油時間とコンタミ濃度の関係

(3) 並列式浄油の場合（$W_0 = 0$）

図3.25に示すように，システム油の側流清浄方式の遠心分離機（F_1）とろ過器（F_2）を並列に設けた場合の浄油効果について考えてみた。

いま

Q_T ：1,800 l/h＝1.8m³/h

Q_1 ：1,200 l/h＝1.2m³/h

Q_2 ：1.8－1.2＝0.6m³/h

F_1 の α_1 ：60%→0.6

F_2 の α_2 ：80%→0.8

V ：2,400 l＝2.4m³

W_0 ：0

E_{in} ：25g/h

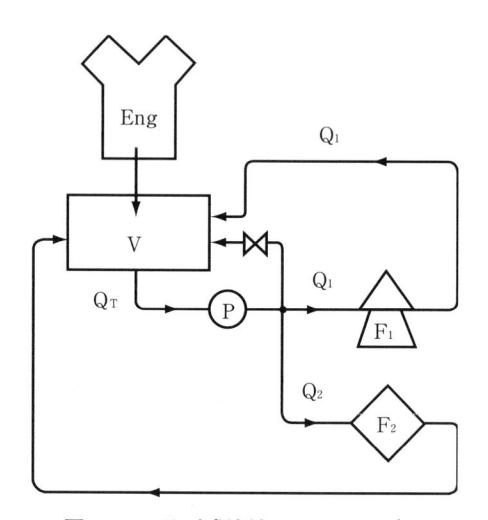

β ：$\dfrac{E_{in}}{Q\alpha}$

図3.25 並列式浄油システムモデル

$V \to P \to F_1 \to V$ 回路と $V \to P \to F_2 \to V$ 回路の並列回路について考える。

F_1 回路

$$\beta = \frac{25}{1.2 \times 0.6} = 34.72$$

$$\frac{Q_1 \alpha_1}{V} = \frac{1.2 \times 0.6}{2.4} = 0.3$$

F_2 回路

3. 石油のろ過理論

$$\beta = \frac{25}{0.6 \times 0.8} = 52.08$$

$$\frac{Q_2 \alpha_2}{V} = \frac{0.6 \times 0.8}{2.4} = 0.2$$

(29)式を使って計算した結果を表3.16にまとめた。

表3.16

時間 t	F_1 回路		F_2 回路		総合濃度 W
	$e^{-0.3t}$	W_1	$e^{-0.2t}$	W_2	
0	1.0000	0.00	1.0000	0.00	0.00
1	0.7408	9.00	0.8187	9.44	9.15
3	0.4066	20.60	0.5488	23.50	21.57
5	0.2231	26.97	0.3679	32.92	28.95
7	0.1225	30.47	0.2466	39.24	33.39
10	0.0498	32.99	0.1353	45.03	37.00
20	0.0025	34.63	0.0183	51.13	40.13
30	0.0001	34.72	0.0025	51.95	40.46
40	0.0000	34.72	0.0003	52.06	40.50
50	0.0000	34.72	0.0000	52.08	40.51

$$W = \frac{W_1 Q_1 + W_2 Q_2}{Q_1 + Q_2}$$

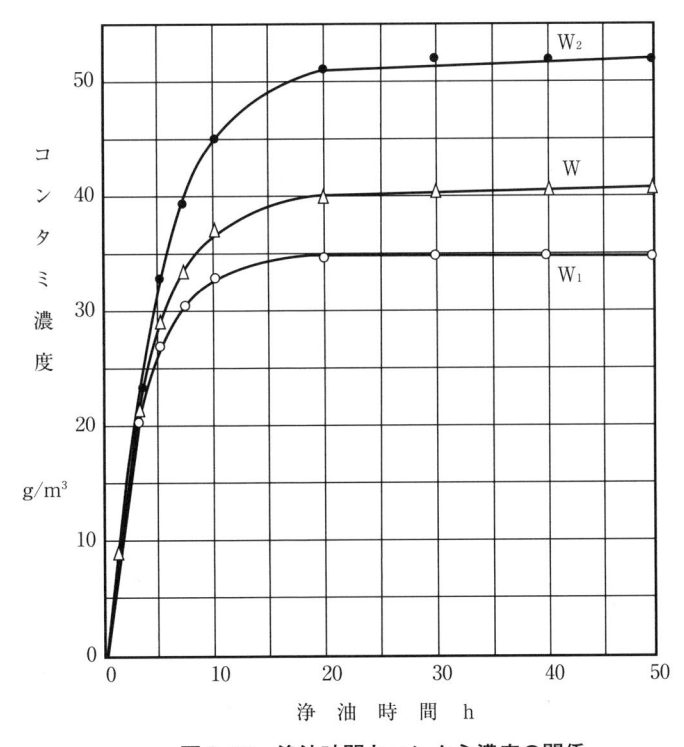

図3.26 浄油時間とコンタミ濃度の関係

また濃度 W_1 及び W_2，そして流量 Q_1 及び Q_2 を加味して計算すると同表中の総合濃度 W のようになり，30時間後から40.5g/m³の一定濃度となる。この変化を図3.26に示した。

前記した直列の例と比較してみると，Q_1 及び Q_2 流量が同一であっても，直列では53.5g/m³に落ち付くが並列の場合は40.5g/m³と濃度が24％余低下するメリットがある。また並列では循環ポンプ P の流量は Q_1+Q_2 と増加するのでやや大型になるが，図3.21のように循環ポンプ P_1 及び P_2 の2台設備する必要がなくなる。

次に同上設備で流量を違いた場合の例について計算してみる。

Q_T : 2,400 l/h＝2.4m³/h
Q_1 : 1,800 l/h＝1.8m³/h
Q_2 : 2.4－1.8＝0.6m³/h
F_1 の α_1 : 60％→0.6
F_2 の α_2 : 80％→0.8
V : 2,400 l＝2.4m³
W_0 : 0
E_{in} : 25g/h
β : $\dfrac{E_{in}}{Q\alpha}$

F_1 回路

$$\beta = \frac{25}{0.6 \times 0.8} = 23.15$$

$$\frac{Q_1 \alpha_1}{V} = \frac{1.8 \times 0.6}{2.4} = 0.45$$

F_2 回路

$$\beta = \frac{25}{0.6 \times 0.8} = 52.08$$

$$\frac{Q_2 \alpha_2}{V} = \frac{0.6 \times 0.8}{2.4} = 0.20$$

(29) 式を使って計算した結果を表3.17に示した。また濃度 W_1 及び W_2，そして流量 Q_1 及び Q_2 を加味して計算し同表中の総合濃度 W に示したが，30時間後から30.4g/m³の一定濃度に収まる。この変化を図3.27に示した。

前記の表3.12に示した通り Q_1 及び Q_2 流量が同一であっても前者は22.1g/m³に落ち付くが本例では30.4g/m³となり，本例の方がやや浄油効果が低下している。これは，前者が F_1 処理した油を F_2 処理するのに対し，本例は F_1，F_2 に2分してそれぞれ処理する影響によるもの及び Q_1 が2.4m³/h から1.8m³/h に減少したためである。

3．石油のろ過理論

表3.17

時間 t	F_1 回路		F_2 回路		総合濃度W
	$e^{-0.3t}$	W_1	$e^{-0.2t}$	W_2	
0	1.0000	0.00	1.0000	0.00	0.00
1	0.6376	8.39	0.8187	9.44	8.65
3	0.2592	17.15	0.5488	23.50	18.74
5	0.1054	20.71	0.3679	32.92	23.76
7	0.0429	22.16	0.2466	39.24	26.43
10	0.0111	22.89	0.1353	45.03	28.43
20	0.0001	23.15	0.0183	51.13	30.15
30	0.0000	23.15	0.0025	51.95	30.35
40	0.0000	23.15	0.0003	52.06	30.38
50	0.0000	23.15	0.0000	52.08	30.38

$$W = \frac{W_1 Q_1 + W_2 Q_2}{Q_1 + Q_2}$$

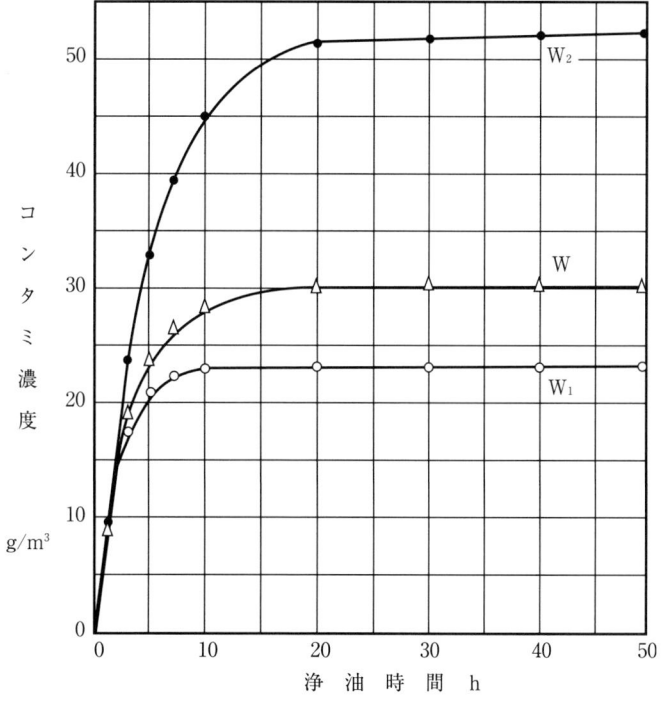

図3.27 浄油時間とコンタミ濃度の関係

（4） 並列式浄油の場合（$W_0 > 0$）

本項では図3.25の回路について，(3)の前部の例に $W_0 > 0$ の条件を加えて計算してみる。

Q_T：2,400 l/h＝2.4m³/h

Q_1：1,800 l/h＝1.8m³/h

Q_2 : 600 l/h＝0.6m³/h

F_1 の α_1 : 60%→0.6

F_2 の α_2 : 80%→0.8

V : 2,400 l＝2.4m³

W_0 : 80g/m³

E_{in} : 25g/m³

β : $\dfrac{E_{in}}{Q\alpha}$

F_1 回路

$$\beta = \frac{25}{1.8 \times 0.6} = 23.15$$

$$\frac{Q_1\alpha_1}{V} = \frac{1.8 \times 0.6}{2.4} = 0.45$$

F_2 回路

$$\beta = \frac{25}{0.6 \times 0.8} = 52.08$$

$$\frac{Q_2\alpha_2}{V} = \frac{0.6 \times 0.8}{2.4} = 0.20$$

(28) 式に代入して計算すると表3.18のようになる。また，濃度 W_1 及び W_2，そして流量 Q_1 及び Q_2 を加味して計算した総合濃度 W は30時間後から30.4g/m³の一定濃度になる。この変化を図3.28に示した。（3）後半の例と比較してみると，W_0 が0であってもなくても本条件の場合は30時間後に30.4g/m³と全く同一値に落ち付く。

表3.18

時間 t	F_1 回路		F_2 回路		総合濃度W
	$e^{-0.3t}$	W_1	$e^{-0.2t}$	W_2	
0	1.0000	80.00	1.0000	80.00	80.00
1	0.6376	59.40	0.8187	74.94	63.29
3	0.2592	37.89	0.5488	67.40	45.27
5	0.1054	29.14	0.3679	62.35	37.44
7	0.0429	25.59	0.2466	58.97	33.94
10	0.0111	23.78	0.1353	55.86	31.80
20	0.0001	23.16	0.0183	52.59	30.52
30	0.0000	23.15	0.0025	52.15	30.40
40	0.0000	23.15	0.0003	52.09	30.39
50	0.0000	23.15	0.0000	52.08	30.38

$$W = \frac{W_1 Q_1 + W_2 Q_2}{Q_1 + Q_2}$$

3．石油のろ過理論

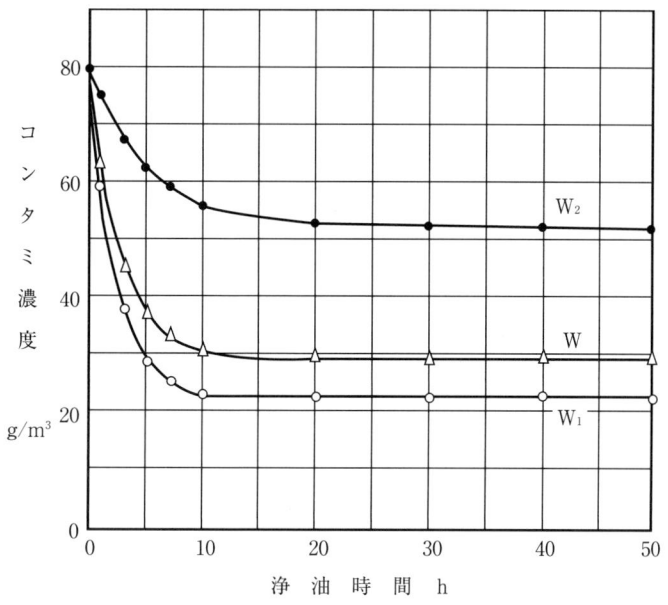

図3.28 浄油時間とコンタミ濃度の関係

表3.19 各浄油条件と平衡濃度のまとめ

区別	直列式浄油			並列式浄油		
項目	（1）前半	（1）後半	（2）	（3）前半	（3）後半	（4）
Q_T　m³/h	—	—	—	1.8	2.4	2.4
Q_1　m³/h	1.2	2.4	2.4	1.2	1.8	1.8
Q_2　m³/h	0.6	0.6	0.6	0.6	0.6	0.6
Q_3　m³/h	0.6	1.8	1.8	—	—	—
平衡濃度W	40h 53.5	30h 22.1	30h 22.1	30h 40.5	30h 30.4	30h 30.4

　上記各例題の条件及び結果を総合すると表3.19のようになり，特に浄油処理流量Qの大小が平衡（総合）濃度Wの高低を左右する。

　現在広く採用されている直列式浄油方式と並列式浄油方式の得失を比較してみると，循環油量が同じ場合には

① 直列式では油ポンプが2台必要であるが，浄油効果はより高い。

② 並列式は流量のやや大きい油ポンプは1台でもよいが，浄油効果はやや低下する。

4．船舶におけるこし器の装備基準

　船舶内でこし器を利用する範囲は広く，燃料油，潤滑油系統はもちろん，ビルジ，貨物油，海水，清水系統そして蒸気系統，空気系統に至るまで，必要に応じて目開きの大きなものから小さなものまで，各種のものが使われている。

　船用こし器の仕様基準はJIS F 7201に規定されており，上記した各系統にわたり設置位置，形式，仕様最高及び水圧の圧力等について細かい基準が示されている。また，日本船用機関学会機関第三研究委員会でも，具体的に船舶に装備されているこし器を中心に，石油，造機部門の変動を加味して「こし器装備基準」がつくられ，特にこし器の目開きが具体的に規定されている点に特徴が認められる。

4.1　こし器金網の目開き

　こし器金網の目開きはメッシュまたはμmで表され，JIS F 7207船用油こしの金網の使用基準解説から金網のメッシュと目開き（μm）との関係を表4.1に示した。その換算には次式を用いるよう規定されている。

表4.1　船用油こしの金網の使用基準解説（JIS F-7207）

1. 適用範囲　この規格は，船に使用するこし器金網の使用基準について規定する。
2. 金網の種類及び材料　金網の種類及び材料は，原則として次表による。

メッシュ	目開き μm	線径 mm	材　料
16	1130.5	0.457	
24	743.3	0.457	
32	539.7	0.254	
40	422.0	0.213	
60	271.3	0.152	
80	195.5	0.122	
100	152.0	0.102	ステンレス
120	130.7	0.081	鋼　　線
150	103.3	0.066	
200	76.0	0.051	
250	60.6	0.041	
300	43.7	0.041	
350	41.6	0.031	
400	32.5	0.031	

備考1．金網のメッシュの種類は，JIS H-6102（非鉄金網）による。
　　2．材料は必要に応じて黄銅線に変えてもよい。
参考1．メッシュとは，網目の大きさを表す単位で25.4 mm（1 in）間にある縦線による目数をいう。
　　2．目開きとは，網目一辺の空間を表すこととし，次の式による。

$$目開き = \frac{25.4 - Nd}{N}$$

　　　ここに，N：メッシュ　　d：線径

$$\text{目開き} \ (\mu\text{m}) = \left(\frac{25.4}{N} - d\right) \times 1000$$

　　　N：メッシュ数
　　　d：金網の線経　mm

例えば，16メッシュの金網の目開きは

$$\text{目開き} \ (\mu\text{m}) = \left(\frac{25.4}{16} - 0.457\right) \times 1000 = 1130.5$$

同様に，400メッシュについては

$$\text{目開き} \ (\mu\text{m}) = \left(\frac{25.4}{400} - 0.031\right) \times 1000 = 32.5$$

4.2　燃料油系統こし器基準

JIS F 7201の使用基準と学会の装備基準及びJIS F 7103の使用基準の三基準を組合わせると表4.2のようになる。

表4.2　舶用機関の燃料油系統こし器装備基準の取りまとめ

	項　目		形式	フィルタ目開き		圧力MPa (kgf/cm²)		材料	適用JIS
				低速機関	中速機関	使用最高	試験圧力		
連続使用	主機関燃料油入口	一次	複式	60メッシュ 271μm	60メッシュ 271μm	0.39 (4)	0.69 (7)	本体：鋳鉄，こし筒：鋼板，こし網：SUS	F7202 F7208
		二次	逆洗式	30〜50 μm	30〜50 μm	—	—	メーカ標準	F7103, F7225
		三次	吸着式	5〜10μm	5〜10μm	—	—		F7103
	発電機燃料油入口	一次	複式	—	60メッシュ 271μm	0.39 (4)	0.69 (7)	本体：鋳鉄，こし筒：鋼板，こし網：SUS	F7202 F7208
		二次	逆洗式	—	30〜50 μm	—	—	メーカ標準	F7103, F7225
		三次	吸着式	—	5〜10μm	—	—		F7103
	補助ボイラ噴燃ポンプ	吸入側	複式	60メッシュ 271μm		0.39 (4)	0.69 (7)	本体：鋳鉄，こし筒：鋼板，こし網：ステンレス鋼	F7202, F7208, F7224
		吐出側	複式	—		1.96 (20)	5.88 (60)		メーカ標準
	燃料弁冷却用ポンプ	吸入側	単式	低速用		0.49 (5)	0.98 (10)	本体：鋳鉄又は鋼板，こし筒：鋼板，こし網：ステンレス鋼	F7209
				中速用		0.34 (3.5)	0.69 (7)		F7225
	C重油清浄機	吸入側	複式	60メッシュ 271μm		0.39 (4)	0.69 (7)	本体：鋳鉄，こし筒：鋼板，こし網：ステンレス鋼	F7202 F7208 F7224

4．船舶におけるこし器の装備基準

間欠使用	A，C重油移送ポンプ	吸入側	単式	16～32メッシュ 540～1,130 μm	—	—	本体：鋳鉄又は鋼板，こし筒：鋼板，こし網：SUS	F7209 F7225
	A重油清浄機	吸入側	単式	32～60メッシュ 271～540 μm	0.49（5）	0.98（10）	全上	F7209
					0.34（3.5）	0.69（7）		F7225
	非常用消防ポンプ用ディーゼル機関	一次	単式	60メッシュ 271 μm	0.49（5）	0.98（10）	全上	F7209
					0.34（3.5）	0.69（7）		F7225

表中，主機関，発電機用の本体材料にはねずみ鋳鉄 FC200（G5501），球状黒鉛鋳鉄 FCD400（G5502）を，こし筒には炭素鋼鋳鋼 SC450（G5101），一般構造用圧延鋼材 SS400（G3101），ステンレス鋼棒 SUS304（G4303）のいずれかを用い，また，こし網にはステンレス鋼 SUS304，SUS316L を用いるよう規定されている。また，こし網の目開きについては逆洗式二次フィルタは絶対目開きで50μm以下となっているが，最近は目開きを小さくする傾向にあり，30μm程度のものが一般化しつつある。一方，吸着式三次フィルタでは10μm以下，特に5μm付近のものが使われている。燃料油吸着式三次フィルタの材料としては，ポリアミド樹脂（K6811），焼結金属 SMS，SMK（Z2550），繊維質としてガラス系（R3413），羊毛長尺フェルト（L3201），セルロースなどが規定されている。

4．3　潤滑油系統こし器基準

前記した三基準を組合わせると表4．3のようにまとめられる。表中，材料の項の詳細な材質については4．2項と全く同一である。

また，主機関潤滑油全流二次フィルタの装備状況は，2サイクル機関では目開き50μm程度のものが多く，4サイクル機関では30μm程度のものが主に使われている。

一方，発電機関二次こし器の基準ではメーカ標準となっているが，現実には側流使い捨て型カートリッジ深層こし器が多く使われている。

表4．3　舶用機関の潤滑油系統こし器装備基準の取りまとめ

項目		形式	フィルタ目開き		圧力 MPa (kgf/cm²)		材料	適用JIS
			低速機関	中速機関	使用最高	試験圧力		
連続使用	主潤滑油ポンプ	吸入側　単式	60,32メッシュ 271,540 μm	60,32メッシュ 271,540 μm	0.49（5）	0.98（10）	本体：鋳鉄，鋼板 こし筒：鋼板こし網：ステンレス鋼	F7209
					0.34（3.5）	0.69（7）		F7225
		吐出側　逆洗式	50 μm	メーカ標準	—	—	メーカ標準	—
	カム軸潤滑油ポンプ	吸入側　単式	50～70 μm	—	0.49（5）	0.98（10）	本体：鋳鉄，鋼板 こし筒：鋼板こし網：ステンレス鋼	F7209
					0.34（3.5）	0.69（7）		F7225
		吐出側　複式	50 μm	—	0.39（4）	0.69（7）	本体：鋳鉄　こし筒：鋼板こし網：SUS	F7202 F7208

連続使用	減速機潤滑油ポンプ	吸入側	単式	—	60,32メッシュ 271,540 μm	0.49（5）	0.98（10）	本体：鋳鉄，鋼板 こし筒：鋼板 こし網：ステンレス鋼	F7209
						0.34（3.5）	0.69（7）		F7225
		吐出側	複式	—		0.39（4）	0.69（7）	本体：鋳鉄，こし筒：鋼板 こし網：SUS	F7202 F7208
	過給機潤滑油ポンプ	吸入側	単式		60 メッシュ 271 μm	0.49（5）	0.98（10）	本体：鋳鉄，鋼板 こし筒：鋼板 こし網：ステンレス鋼	F7209
						0.34（3.5）	0.69（7）		F7225
		吐出側	複式	メーカ標準		—	—	メーカ標準	—
	船尾管潤滑油ポンプ	吸入側	単式		60〜100 メッシュ 152〜271 μm	0.49（5）	0.98（10）	本体：鋳鉄，鋼板 こし筒：鋼板こし網：ステンレス鋼	F7209
						0.34（3.5）	0.69（7）		F7225
		吐出側	複式	—		0.39（4）	0.69（7）	本体：鋳鉄，こし筒：鋼板こし網：SUS	F7224
	船尾管前部シーリング油ポンプ	吸入側	単式		60〜100 メッシュ 152〜271 μm	0.49（5）	0.98（10）	本体：鋳鉄，鋼板 こし筒：鋼板こし網：ステンレス鋼	F7209
						0.34（3.5）	0.69（7）		F7225
		吐出側	複式	—		0.39（4）	0.69（7）	本体：鋳鉄，こし筒：鋼板こし網：SUS	F7224
	潤滑油清浄機	吸入側	単式		60 メッシュ 271 μm	0.49（5）	0.98（10）	本体：鋳鉄，鋼板 こし筒：鋼板，こし網：ステンレス鋼	F7209
						0.34（3.5）	0.69（7）		F7225
	シリンダ油補給管	—	単式	—		0.49（5）	0.98（10）	全　上	F7209
						0.34（3.5）	0.69（7）		F7225
間欠使用	潤滑油移送ポンプ	吸入側	単式		32〜60 メッシュ 271〜540 μm	0.49（5）	0.98（10）	全　上	F7209
						0.34（3.5）	0.69（7）		F7225
	主機スタフィングボックス漏洩油処理		精密フィルター	メーカ標準		—	—	メーカ標準	—
	発電機関システムオイル処理（二次こし器）			メーカ標準		—	—	メーカ標準	—

4.4　水系統その他のこし器基準

　JIS F 7201の使用基準と学会の装備基準を組合わせると表4.4のようにまとめられる。表中，材料の項について詳述すれば，海水系統で鋳鉄にはねずみ鋳鉄 FC20（G5501），鋼板には一般構造用圧延鋼材 SS41（G3101）を用いる。清水系統も同じく FC20，SS41そしてこし網にはステンレス鋼線 SUS304（G4309）が使われる。ビルジ系統も FC20，SS41を，貨物油系統は SS41でそれぞれ製作される。

表4.4　舶用機関の水系統その他こし器装備基準の取りまとめ

項目			形式	こし器穴径	圧力 MPa (kgf/cm²) 使用最高	圧力 MPa (kgf/cm²) 試験圧力	材料		適用JIS
海水	連続使用	主・補冷却海水ポンプ	吸入側	単式	8 mmφ	0.20 (2)	0.39 (4)	本体：鋳鉄	こし筒：鋼板	F7121
						0.49 (5)	0.98 (10)	本体：鋼板		F7226
		海水サービスポンプ	吸入側	単式	8 mmφ	0.20 (2)	0.34 (4)	本体：鋳鉄　こし筒：鋼板		F7121
		造水装置エゼクタポンプ	吸入側	単式	8 mmφ	0.20 (2)	0.39 (4)	全　上		F7121
	間欠使用	ビルジバラストポンプ	吸入側	単式	8 mmφ	0.20 (2)	0.39 (4)	本体：鋳鉄	こし筒：鋼板	F7121
						0.49 (5)	0.98 (10)	本体：鋼板		F7226
		消防兼雑用ポンプ	吸入側	単式	8 mmφ	0.20 (2)	0.39 (4)	本体：鋳鉄　こし筒：鋼板		F7121
清水		清水及び清飲料水ポンプ	吸入側	単式	16メッシュ以上 1130μm以下	0.49 (5)	0.98 (10)	本体：鋳鉄　こし筒：鋼板 こし網：ステンレス鋼		F7209
ビルジ		ビルジポンプ	吸引側	単式	16メッシュ 1130μm	0.49 (5)	0.98 (10)	全　上		F7209
		ビルジマッドボックス	吸引側	単式	8 mmφ	―	0.098 (1)	本体：鋳鉄　こし筒：鋼板		F7203
		ビルジローズボックス	端部	―	8 mmφ	―	―	こし筒：鋼板		F7206
貨物油		ストリッパポンプ	吸入側	単式	8 mmφ	0.98 (10)	1.47 (15)	本体：鋼板　こし筒：鋼板		F7233
		貨物油バラストポンプ	吸入側	単式	8 mmφ	0.98 (10)	1.47 (15)	全　上		F7233
蒸気	直動式	減圧弁	入口側	単式Y形	メーカ標準	0.98 (10)	1.96 (20)	本体：鋳鉄　こし網：ステンレス鋼		F7221
		圧力調整弁 温度調節弁	入口側	単式Y形	メーカ標準	0.49 (5)	0.98 (10)	全　上		F7220
						0.98 (10)	1.96 (20)			F7221
空気	直動式	減圧弁	入口側	単式Y形	メーカ標準	0.98 (10)	1.96 (20)	全　上		F7221
		減圧弁	入口側	単式Y形	メーカ標準	2.45 (25)	4.90 (50)	全　上		―

　蒸気系統も清水系統と同じくFC20, SS41及びSUS304-W1がそれぞれ用いられ，空気系統にはFC20, SS41が使われる。こし器の穴経は燃料油，潤滑油に比べて大きく，特に大きなゴミ類を分離除去するために設けられている。

　なお，表4.2～表4.4の適用JIS欄に規格番号のみを掲げたが，これらのものを番号順に整理して表4.5に示した。

表 4.5 船用こし器装備に関係ある JIS 規格

種類	名称
F-7103	船用機関入口用潤滑油管系及び燃料油管系のこし器
F-7121	船用筒形水こし
F-7202	船用複式油こし
F-7203	船用マッドボックス
F-7206	船用鋼板ローズボックス
F-7208	船用 H 形油こし
F-7209	船用単式油こし
F-7220	船用鋳鉄 5 KY 形蒸気こし
F-7221	船用鋳鉄10KY 形蒸気こし
F-7224	船用小形複式油こし
F-7225	船用鋼板製単式油こし
F-7226	船用鋼板製筒形水こし
F-7233	船用鋼板製筒形貨物油こし

5．石油の性状・成分とろ過障害

5．1　フィルタのろ過閉塞と石油の成分

　フィルタのろ過閉塞（filter blockage）とは流体中の半固形あるいは固形粒子によって，フィルタのエレメントに完全閉塞，標準閉塞，ろさい閉塞などの現象をおこし，差圧 ΔP の上昇，ろ過流量の低下をきたす。

　油用フィルタを燃料油及びシステム潤滑油に広く用いられている船舶の実態調査報告などをみても，フィルタの差圧上昇あるいは閉塞による障害発生件数が予想を越えて多いのに驚かされる。

　フィルタのろ過閉塞にはいろいろな因子が影響すると考えられるが，一例として筆者が調べた重油使用時におけるろ過閉塞時の油試料の分析結果を表5．1（次頁）に示した。同表下部に事故発生原因として，特に目立った分析性状項目を掲げたが，ろう分，残炭分，灰分，アスファルテン，スラッジ分，環分析による％C_P，％C_A，R_A などの量が異常に多いのが見受けられる。

　日本長距離フェリー協会低質油対策専門委員会のC重油性状分析調査結果のデータ中，アスファルテンと残炭分の関係を求めてみると図5．1のようになり，両者の間には相当なバラツキはあるが，残炭分の多い油ほどアスファルテンも多い比例関係がある。

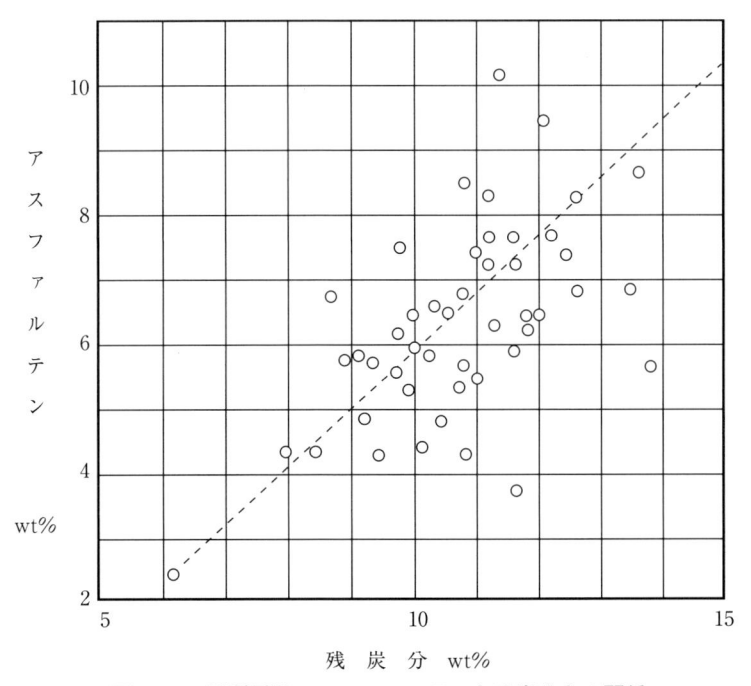

図5．1　低質重油のアスファルテンと残炭分との関係

表 5.1 フィルタ目詰り事故発生重油試料等の分析結果例

試料 No.	1-1	1-2	1-3	2-1	2-2	3	4-1	4-2	5-1	5-2	5-3
試料採取場所	A社陸発C重油元油	左ストレーナ入口油	左ホッパドレン	B船C重油元油Amsterdam	左10μm2次フィルタ出口	C社C重油ファインフィルタ目詰物	D社C重油ファインフィルタ上部	左同下部目詰物	A社陸発C重油ドレンタンク	左最低部スラッジ	左C重油ストレーナ入口油
密度 15℃	0.9305	0.9232	0.9231	0.989	0.983	—	—	—	0.9292	—	0.9272
動粘度 mm²/s 50℃	103.58	107.90	101.27	285	338.9	—	—	—	96.80	—	103.60
残炭分 wt%	—	—	—	17.9	17.21	23.62	17.37	19.94	6.25	10.24	7.62
灰分 wt%	—	—	—	—	—	12.15	12.32	14.15	0.05	3.15	0.02
硫黄分 wt%	0.85	0.86	0.85	3.44	3.37	4.84	2.09	3.16	0.92	0.69	0.85
アスファルテン wt%	0.80	0.74	0.72	—	8.30	3.50	3.73	4.47	0.74	7.54	0.61
ろう分 wt%	20.79	23.09	19.48	—	1.89	18.03	9.85	24.06	20.94	11.96	13.49
スラッジ分 wt%	1.57	1.57	1.56	—	13.14	—	—	—	1.76	—	2.34
CCAI	806	799	795	853	845	—	—	—	806	—	803
着火性指標 I_I	56.9	55.2	55.4	66.3	64.5	—	—	—	56.8	—	56.2
燃焼性指標 I_c	—	—	—	65.8	65.4	—	—	—	69.8	—	69.5
環分析 %C_P	61.4	63.8	63.5	—	—	—	—	—	61.8	—	62.4
環分析 %C_N	6.6	6.2	6.3	—	—	—	—	—	6.5	—	6.5
環分析 %C_A	32.0	30.0	30.1	45.8	44.2	—	—	—	31.7	—	31.1
環分析 R_N	0.6	0.6	0.6	—	—	—	—	—	0.6	—	0.6
環分析 R_A	1.6	1.5	1.5	2.3	2.3	—	—	—	1.7	—	1.5
油質	直留	直留	直留	FCC	FCC	—	—	—	直留	—	直留
重金属分 V mg/kg	8	6	6	116	—	—	—	—	17	20	17
重金属分 Na 〃	56	49	47	6	—	—	—	—	—	—	—
重金属分 Al 〃	2	2	2	4	—	—	—	—	3	19	2
重金属分 Si 〃	11	15	7	4	—	—	—	—	1	486	1
事故発生原因	ろう分多 %C_P大	ろう分多 %C_P大	ろう分多 %C_P大	残炭分多 %C_A大 R_A大 V分多	残炭分多 アスファルテン多 スラッジ分多 %C_A大 R_A大	残炭分多 灰分多 スラッジ分多	残炭分多 灰分多 スラッジ分多	残炭分多 灰分多 スラッジ分多	ろう分多 %C_P大	残炭分多 スラッジ分多 Si分多	ろう分多 %C_P大

(注) 2-1の一般性状及び重金属データは船会社の分析値による。

両者の関係を式にまとめると

アスファルテン wt％＝0.9残炭分 wt％－3.1

となり，上式によるアスファルテンの偏差は±2wt％以下とみなされる。

また，フィルタ目詰りの一原因としてワックス性スラッジの存在があげられる。一般に油中のろう分と流動点とはある程度の相関性があるものとみて，流動点が0℃以上の原油について，流動点とろう分との関係をまとめてみると図5.2のようになり，両者の間にはある程度の相関性が認められる。

一方，75種類ほどの原油について，含有されるろう分と環分析の％C_Pとの関係を求めてみると図5.3のようになり，特にろう分が10wt％以上含まれる原油から精製された低質重油を使う場

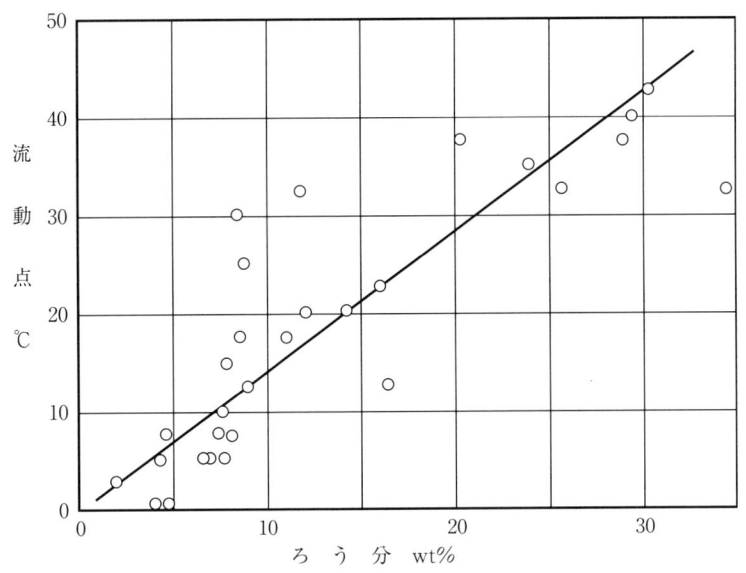

図5.2 高流動点原油中のろう分と流動点との関係

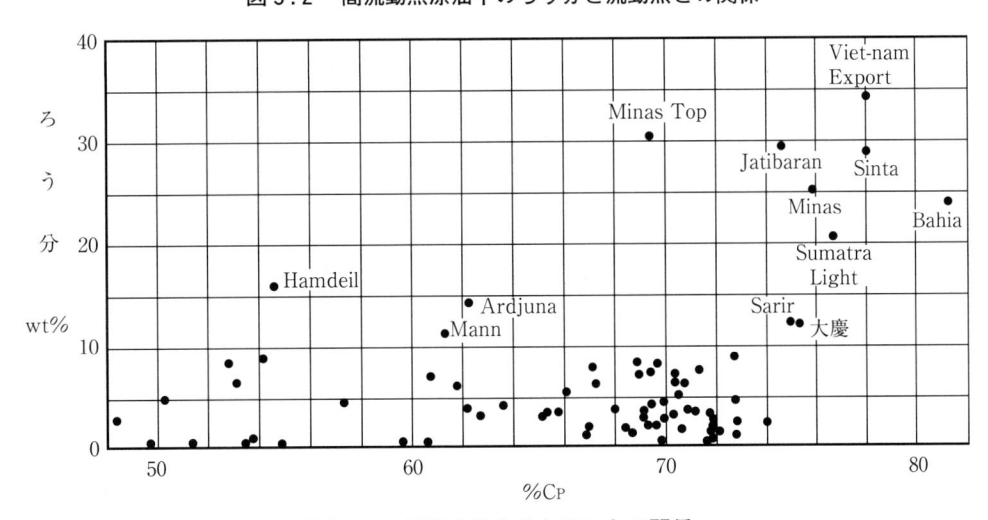

図5.3 原油のろう分と％C_Pとの関係

表 5.2　フィルタの目詰りと低質重油の性状・成分との関係

項　目	解　説
密　度	重油の密度が1.00に近いと含有する水分，きょう雑物，灰分との密度差が小さくなり，遠心分離機の性能が低下してフィルタに負荷が掛かることになる。
粘　度	低質重油では加熱温度が低過ぎると高粘度になり，フィルタのろ過抵抗が増大し，ろ過流量が低下する。
流 動 点	高流動点重油ほど「ろう分」が多く含まれ，流動性を良くするには加熱が必要になる。しかし，機関停止時及び発停時には重油の流量が減少するので凝固してワックス性スラッジとなり，フィルタの目詰りをおこしやすい。
水　分	油中にアスファルテン，きょう雑物が多いと乳化性スラッジをつくる。
残 炭 分	残炭分とアスファルテンとは比例関係にあるので，残炭分の多い重油ほどアスファルテン性スラッジをつくり，フィルタの目詰りをおこしやすい。
灰　分	灰分が多いときょう雑物性スラッジを生成して目詰りをおこしやすく，また，FCC触媒のアルミナ・シリカゲルが含まれるほどこの傾向が加速される。
ろ う 分	重油中に高分子量炭化水素であるワックス分（C_{14}～C_{36}程度）が多く含まれると流動点が高くなり，これに対処して加熱を必要とするが，重油の流動が減少した場合には凝固してワックス性スラッジとなり，目詰りをおこす。
アスファルテン	安定性の悪い重油ほど不飽和高分子量炭化水素が重合，縮合してアスファルテンと称する粘ちょうな物質となり，きょう雑物を包含してアスファルテン性スラッジを生成してフィルタの目詰りをおこす。
きょう雑物	残炭分，灰分と比例関係にあり，きょう雑物が多いと乳化しやすい一方ではアスファルテンに包含されてきょう雑物性スラッジを生成する。
安 定 性	酸化安定性，熱安定性，貯蔵安定性，混合安定性とあるが，これらの安定性は重油中に不飽和炭化水素の少ない方が優れているので，直留系重油を使用することが望ましい。
か　び	特にA重油で梅雨～夏季に油中の水分，スラッジそして温度の3条件が揃うと「かび」集団（かび性スラッジ）を発生しやすく，前兆なしに極く短時間にフィルタを目詰らせる特徴がある。低質重油ではほとんど発生しない。
環 分 析	一般に低質重油の%C_P＝50～65，%C_N＝10～30，%C_A＝30～45程度の値となる。 　%C_P：50以下の油は%C_Aが多くなってアスファルテン性スラッジを生成しやすく，60以上のものの中にはワックス分が多くなってワックス性スラッジを生成しやすい。 　%C_A：多いほど多環芳香族成分が増えるのでアスファルテン性スラッジを生成しやすく42以下であることが望ましい。 　R_A：多いほど%C_Aと同様にアスファルテン性スラッジを生成して目詰りをおこす危険性がある。2.1以下であることが必要である。

合には，油加熱温度の問題もあるがフィルタに対しては要注意と考える必要があろう。

　表5.2にフィルタの目詰りと低質重油の性状・成分との関係についてまとめたが，JIS規格に定める性状項目について分析することはもちろん，特殊な項目についても調べる必要があると考えられる。

5.2　エレメントろ枠における腐食

ノッチワイヤエレメントろ枠止め金具に，図5.4に示すような電食による面食（一部に点食も認められる）を発生することがある。一般にろ枠及び上下の止め金具はアルミニウム製で，ノッチワイヤはステンレス細線が用いられているので，異種金属によるイオン化傾向の違いから濃淡電池作用（action of concentration cell）をおこし，腐食を発生する場合がある。電解質溶液（電気が流れやすい液体）をはさんで異なった金属が相対すると，表5.3に示したようにイオン化傾向はカリウムが最も強く，金が最も弱い性質がある。従って，ノッチワイヤエレメントを長期間，塩水などの電解質溶液に浸しておくとアルミニウムが腐食陽極になり，一方，鉄が腐食陰極となってアルミニウムから溶液中を通って腐食電流が鉄に向って流れ，アルミニウムが腐食することになる。油中に電解質成分が含まれない場合はこの現象は起らないが，油中の水分，結露などがろ過器内に沈積し，その中にノッチワイヤエレメントを長期間浸漬すると，この現象が発生しやすく，油中に酸物質を含む場合には更に腐食を促進させる結果を招く。

この障害を予防するためには

①　遠心分離機等で脱水，脱スラッジを行なうこと。
②　定期的に器内底部のドレンを完全に排除して使うこと。

が必要である。

図5.4　エレメントの見取図

表5.3　金属のイオン化傾向と化学的性質

イオン化列	カリウム	カルシウム	ナトリウム	マグネシウム	アルミニウム	亜鉛
化学記号	K	Ca	Na	Mg	Al	Zn
標準酸化電位 volt 25℃		—	−2.71	−2.34	−1.67	−0.76
空気中	常温で酸化される					湿っ
水中	常温で水を分解し水素を発生する			水蒸気を分解し水素を発生する		
酸液中	原則として希酸に溶け水素を発生，塩						

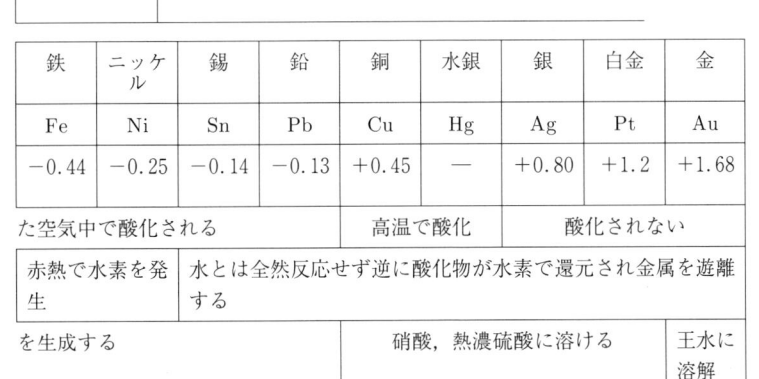

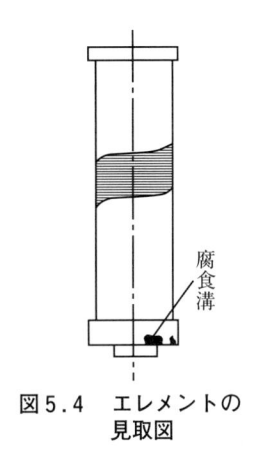

鉄	ニッケル	錫	鉛	銅	水銀	銀	白金	金
Fe	Ni	Sn	Pb	Cu	Hg	Ag	Pt	Au
−0.44	−0.25	−0.14	−0.13	+0.45	—	+0.80	+1.2	+1.68
た空気中で酸化される					高温で酸化		酸化されない	
赤熱で水素を発生	水とは全然反応せず逆に酸化物が水素で還元され金属を遊離する							
を生成する				硝酸，熱濃硫酸に溶ける				王水に溶解

5.3 特殊な項目分析法

(1) 石油中のワックス分分析方法

石油中のワックス分含有量は、原油及び重油類で0.1～30wt%、潤滑油で0.1～0.3wt%、廃油ボールで15～35wt%程度であり、これらのワックス分を定量分析する方法としては、JIS K 2601原油試験方法の中にアセトン-ヘキサン法（試料を白土処理後、アセトン-ヘキサン溶液に溶かして-18℃に冷却し、析出したワックス分をろ別定量する方法）が制定されている。

筆者は、藤田 稔博士（元昭和シェル石油㈱中央技術研究所研究部長）のご指導のもとに、省力化した以下のような分析方法を開発したので以下に紹介しておく。

この分析方法は前処理段階で活性シリカゲルを充填したガラス製クロマト管を用い、試料中の飽和炭化水素分のみを抽出し、それを-18℃に冷却した電子低温恒温槽中で同一温度に冷却しワックス分を析出結晶させ、ガラスろ過器（G3）で減圧ろ過してワックス分をろ別分離して秤量し、試料量に対する重量%で求める方法を採る。

図5.5にガラス製クロマト管を、図5.6には-18℃以下で冷却減圧してワックス分をろ別分離させるガラス製ろ過装置の略図をそれぞれ示した。溶剤としてシクロヘキサン、メチルエチルケトン・トルエン混合液及びトルエンを使用し、これら溶媒の脱溶媒にはロータリーエバポレータを活用する。

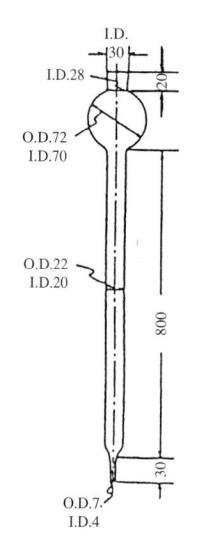

図5.5 石油中のワックス分抽出用吸着クロマト管

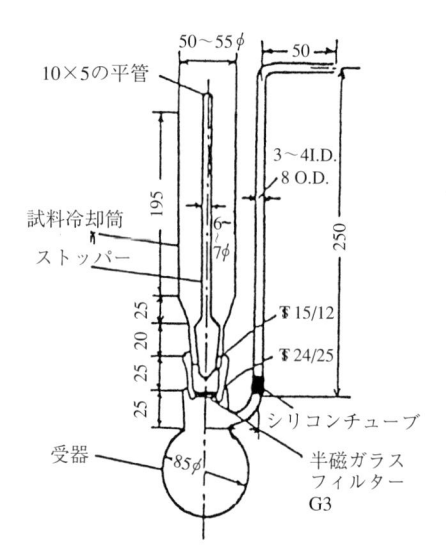

図5.6 石油中のワックス分抽出用冷却減圧ろ過装置

その分析方法の概略を表5.4に示した。

本装置を用いて各原油試料に対し、2回ずつ測定しその平均値（wt%）との偏差を求めてみると表5.5のようになり、結果として±0.5wt%以下の偏差しか認められず、繰り返し性は良好で

あると認められる。

表5.4　石油中のワックス分測定方法

適用範囲	原油，軽油，A重油，B重油，C重油，潤滑油，れき青分，廃油ボール
使用薬品	シクロヘキサン，メチルエチルケトン・トルエン混合液，トルエン，活性クロマト用シリカゲル（100～200mesh及びGrade 62）
使用器具	共通摺合せ100ml用及び同300ml用三角フラスコ，クロマトガラス管（図5.5参照），ワックス分冷却ろ過装置（図5.6参照），電子低温恒温槽，ロータリーエバポレータ，ウォータバス，ビーカ，乾燥器，デシケータ，天秤，メスシリンダー
試料量	2～3g
分析試料の前処理	1．小型ビーカに0.1mg精度で試料を採取する。 2．クロマトガラス管（底部に少量の脱脂綿をつめる）に180℃で2～4時間加熱し，活性化させたクロマトグラフ用シリカゲルK923（100～200mesh）25gを，その上部に同じく活性化させたクロマトグラフ用Davison Grade62を40g，ガラスロートを使って充填し，シクロヘキサン30mlで湿潤する。 3．小型ビーカ内試料にシクロヘキサン30mlを加え，超音波等でよく溶解し，この液をクロマトガラス管上部より注入する。 4．試料液がシリカゲル内に入った後，シクロヘキサン200mlで小型ビーカを洗浄しながら追加注入する。 5．クロマト管下部口からの溶出液を受器（共栓付300ml用三角フラスコ）で受ける。 6．溶出液の入った受器をロータリーエバポレータに掛け，温湯中で減圧，かくはんしながら脱シクロヘキサンする。
分析操作	1．脱シクロヘキサンした飽和分にメチルエチルケトン50％にトルエン50％混合液30mlを加え，温湯中で溶解する。 2．−18±1℃に保った電子低温恒温槽中に30分間上記液を浸した後，ガラスろ過器3Gで減圧ろ過する。 3．再度，混合液30mlを加えて受器（共栓付300ml用三角フラスコ）を洗浄し，2項の操作を繰り返す。 4．電子低温恒温槽からワックス分ろ過装置を取り出し，分解してろ過管を取り出し，ビーカ内で温トルエンでワックス分を溶解，洗浄しながら重量既知の共通摺合せ100ml用三角フラスコに移し，ロータリーエバポレータで脱トルエンする。 5．この三角フラスコを105℃の乾燥器内で15分間乾燥後，デシケータ内で室温まで放冷する。 6．試料中のワックス分は次式で計算する。 $$C = \frac{W}{S} \times 100$$　C：ワックス分　wt％　W：ワックス量　g　S：試料量　g
精度	繰返し性　平均値（wt％）±0.5 wt％ 再現性　　平均値（wt％）±1.0 wt％
特色	1．シリカゲル吸着ガラス管を使うので前処理時間が長い。 2．電子低温恒温槽を使うので冷却温度の管理は正確で容易。 3．ドラフトチャンバは不要である。 4．ロータリーエバポレータを使うので脱溶媒は完全，迅速，容易。 5．色々な省力装置を使うので比較的高価である。

表5.5　原油のワックス分繰返し性試験結果

No	原油名	試料量 g	ワックス量 g	ワックス分wt% 測定値	平均値
1	Arabian Light	2.1357 2.3486	0.0488 0.0560	2.28 2.38	2.33
2	Khafji	2.3430 2.0310	0.0314 0.0281	1.34 1.38	1.36
3	Murban	3.2515 2.2019	0.2230 0.1369	6.86 6.22	6.54
4	Iranian Heavy	2.6862 2.1103	0.0770 0.0602	2.87 2.85	2.86
5	Sassan	2.0283 2.2956	0.0604 0.0671	2.98 2.92	2.95
6	Oman	2.2435 2.2937	0.0185 0.0148	0.82 0.65	0.74
7	Attaka	2.3773 2.3813	0.0955 0.0740	4.02 3.11	3.57
8	Ekhabins Kayua	2.2073 2.3593	0.0196 0.0216	0.89 0.92	0.91
9	Cabinda	2.1015 2.1853	0.1689 0.2003	8.04 9.17	8.61

（2）　石油中のアスファルテン分析方法

石油は各種溶剤の違いによって，例えばプロパンに可溶な成分（油分），プロパンに不溶でヘプタン（又はペンタン）に可溶な成分（レジン分），ヘプタン（又はペンタン）に不溶でトルエンに可溶な成分（アスファルテン）に区分することができる。（図5.7参照。）

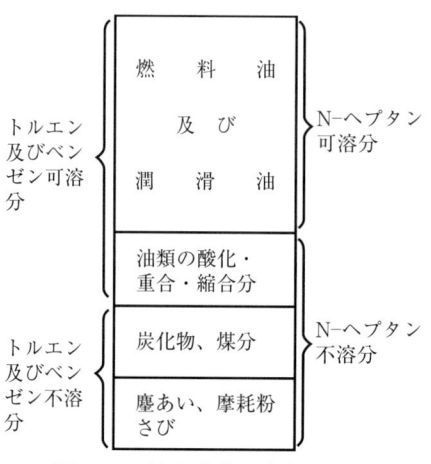

トルエン及びベンゼン可溶分	燃料油及び潤滑油	N-ヘプタン可溶分
	油類の酸化・重合・縮合分	
トルエン及びベンゼン不溶分	炭化物、煤分	N-ヘプタン不溶分
	塵あい、摩耗粉さび	

図5.7　油中成分の溶媒による溶解性の関係

アスファルテンの分析方法についての規格は，IP規格（Institute of Petroleum，英国石油協会規格，143/90）に規定されている以外に，わが国ではJPI－5S－45－95（㈳石油学会規格，石油及び石油製品―アスファルテン分試験方法（2波長吸光光度法））に規定されている程度である。

以下に述べる分析方法はIP法に準拠して行なう方法で，使用ガラス器具類はIP法と大同小異である。溶媒としてヘプタン及びトルエンを使うことも同じである。IP法と特に異なる点は，原

表5.6　石油中のアスファルテン測定方法

適用範囲	原油，軽油，A重油，B重油，C重油，潤滑油，れき青分，廃油ボール アスファルテン0.05wt％以上に適用
使用薬品	ヘプタン及びトルエン
使用器具	硬質ガラス器具（還流冷却器，抽出管，受器（平底球形フラスコ），ビーカ，メスシリンダ等）ろ紙（No.5C），乾燥器，天秤，マントルヒータ，デシケータ，ロータリーエバポレータ，ウォータバス
試料量	2g程度
分析操作	1．受器に0.1mg精度で試料を採取する。 2．ヘプタンを試料に対し30ml/gの割合で加える。突沸防止のため沸石を少量加えるとよい。 3．抽出管，還流冷却器をつけ，マントルヒータで60分間煮沸還流する。 4．内容物の入った受器を外し，共栓をつけて暗所に90～150分間保管する。 5．No.5Cのろ紙を使い，受器の内容物を動揺なしで静かに注ぎ込む。受器内に残った残さ物は温ヘプタンで「かくはん棒」を使いながら，できるだけ完全にろ紙上に流し落とす。 6．残さの残ったろ紙を抽出管に取り付け，最初に使った受器にヘプタンを30ml注ぎ込み，ガラス器具を組み立て，還流割合が2～4滴／秒になるようにマントルヒータの加熱を調節し30～60分間煮沸還流する。（この操作はワックス分を溶出除去するため） 7．別の清浄な重量既知の受器にトルエン60mlを採り，ガラス器具を組み立て還流加熱し（還流割合は2～4滴／秒），抽出管に取り付けたろ紙上のアスファルテンを洗い落とす。 8．トルエン液の入った受器をウォータバスで加温，ロータリーエバポレータで回転，減圧しながら脱トルエンする。 9．残留物の残った受器を取り出し，105℃の乾燥器内で30分間乾燥後，デシケータ内で室温まで放冷する。 10．石油中のアスファルテンは次式で計算する。 $$A = \frac{(M_1 - M_0) \times 100}{G}$$ A：アスファルテン　wt％ M_1：アスファルテン込みの受器の重量　g M_0：受器の重量　g G：試料量　g
精度	繰返し性　0.05A　　　A：アスファルテン　wt％ 再現性　　0.1A
特色	1．原油に対しても軽質分の分留，分離などの手間が掛からない。 2．ドラフトチャンバは不要である。 3．ロータリーエバポレータ，ウォータバスを使うので脱溶媒は短時間に完全に行なわれる。 4．ロータリーエバポレータ等を使うので，経費面では多少高くなる。

① 環流冷却水（ハリオガラス）　② 抽 出 管（ハリオガラス）

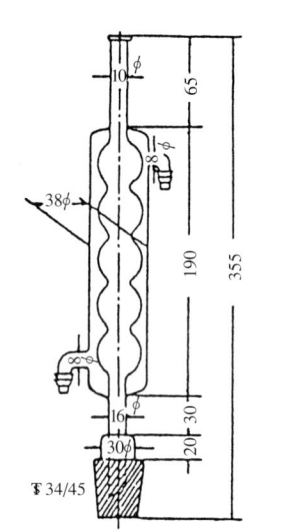

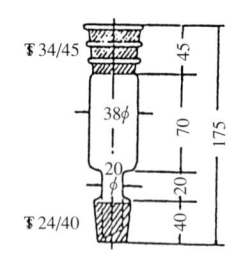

③ 受　器（ハリオガラス）

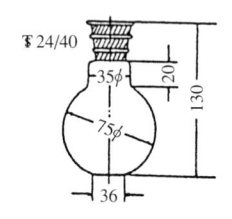

図5.8　石油類のアスファルテン定量分析用ガラス器具

油を含めて石油製品油，廃油ボールまで直接試料とすること（IP法では原油は260℃まで加熱分留し，軽質分を除いて分析する），脱溶媒にロータリーエバポレータを用いる点程度である。

筆者らが考えたその分析方法の概略を表5.6に示した。また，アスファルテンの還流，抽出に使うガラス器具の略図を図5.8に示したが，受器，抽出管，還流冷却器を組立ててマントルヒータ（湯煎器）で加熱しながら使用する。

表5.7　アスファルテン分の繰り返し性試験結果

No	試料油	試料量 g	アスファルテン量 g	アスファルテン分 wt%	アスファルテン平均値 wt%
1	Isthmus 原油	2.0156 2.0051	0.0288 0.0277	1.43 1.38	1.41
2	Ummchaif 原油	2.0242 2.2131	0.0022 0.0025	0.11 0.11	0.11
3	Murban 原油	2.0922 2.0012	0.0058 0.0056	0.28 0.28	0.28
4	B 重油	2.0605 2.0492	0.0741 0.0685	3.60 3.34	3.47
5	C 重油	2.3607 2.8636	0.1427 0.1607	6.04 5.61	5.83
6	使用潤滑油	2.0394 2.4022	0.0069 0.0111	0.34 0.46	0.40
7	廃油ボール A	2.1425 2.1865	0.0823 0.0837	3.84 3.83	3.84

8	廃油ボールB	2.1620	0.1604	7.42	7.52
		2.9989	0.2286	7.62	
9	廃油ボールC	1.2269	0.0276	2.25	2.20
		2.2236	0.0478	2.15	

　この装置を使って原油，重油，使用潤滑油，廃油ボールの各試料に対し，2回ずつ測定し，その平均値（wt％）との偏差を調べてみると表5.7のようになり，0.00～0.22wt％と比較的僅かな偏差にとどまり，繰り返し性は良好と認められる。

（3）　石油中のスラッジ分分析方法

　石油に含まれるスラッジ分については2.3項にも一部述べたが，その種類と成分を分類する

表5.8　スラッジの種類と成分

分類	種類	主成分	含有物質
炭化水素系物質	アスファルテン性スラッジ	炭素性物質	炭化水素の炭素／水素比が大なるもの。油に溶けていないアスファルテン，カーボイド，カービン
	ワックス性スラッジ	ワックス	パラフィンワックス，ミクロクリスタリンワックス
非炭化水素系物質	エマルジョン性スラッジ	水	タンク内残留水分，大気湿分の凝縮水
	きょう雑物性スラッジ	きょう雑物	さび，塵あい，砂類，繊維，綿屑等
	かび性スラッジ	微生物	かび，バクテリア

表5.9　石油中のスラッジ分測定方法

適用範囲	原油，A重油，B重油，C重油，潤滑油，れき青分，廃油ボール
使用薬品	N－ヘプタン
使用器具	共通摺合せ共栓付300ml用三角フラスコ，吸引ろ過装置（1μMFフィルタ使用）
試料量	0.5～1.0g程度
分析操作	1．共通摺合せ300ml三角フラスコに0.1mg精度で試料を採取する。 2．三角フラスコ内試料にN－ヘプタン50mlを加え，かくはんして良く溶解する。 3．共栓をして暗所に120＋30分間静置し，不溶解分を凝集沈殿させる。 4．この溶液を吸引ろ過装置を使い1μMFフィルタで，かくはんすることなく傾斜法で吸引ろ過する。 5．試料液がすべてろ過された後，N－ヘプタン20mlで三角フラスコ内を洗浄し，その液も追加注入する。 6．固形物の残ったろ紙を取り外し，105℃の乾燥器内で30分間乾燥後，デシケータ内で室温まで放冷する。 7．試料中のスラッジ分は次式で計算する。 $$S=\frac{スラッジ量\ g}{試料量\ g}\times100 \qquad S：スラッジ分\ wt\%$$
精度	繰返し性　0.02S　　　　S：スラッジ分　wt％ 再現性　　0.04S

表5.10 スラッジ定量分析結果の例

油　　　種	試料量 g	スラッジ量 g	スラッジ分 wt%	スラッジ分平均 wt%
Ｃ　重　油	1.0407 1.0199	0.0608 0.0615	5.84 6.03	5.94
〃	0.5379 0.5160	0.0423 0.0391	7.86 7.58	7.72
〃　（海　外）	1.0280 1.0249	0.0728 0.0702	7.08 6.85	6.97
〃　（　〃　）	0.5302 0.5283	0.0680 0.0686	12.83 12.99	12.91
舶用ディーゼル機関使用潤滑油	1.3139 1.6831	0.0076 0.0086	0.58 0.51	0.55
圧延機軸受使用潤滑油	1.0345 1.0377	0.0001 0.0003	0.01 0.03	0.02

と表5.8のように分けられるので，厳密にスラッジ分の生態を調べるためには更なるろう分，アスファルテン，水分，きょう雑物，かびについて分析する必要がある。

　石油中のスラッジ分の代表的な簡便試験法としては顕微鏡による観察法，shell式ろ過試験法，遠心沈殿法，スポットテスト法などが用いられているが，一部を除いて定性的な測定にとどまっている。

　そこで筆者の研究開発した方法を表5.9に示した。この方法では試薬，使用器具とも比較的僅かであるが，その操作は簡単なうえに表5.10に示したように分析の繰り返し性もよく，ろう分，乳化物まで捕捉することができる。

（4）　石油の環分析方法

　石油の環分析方法とは石油を構成している下記成分を，計算によって分析する方法である。
　　％C_A：芳香族炭素量の全炭素量に対する重量割合
　　％C_R：ナフテン炭素量と芳香族炭素量の全炭素量に対する重量割合
　　％C_N：ナフテン炭素量の全炭素量に対する重量割合
　　％C_P：パラフィン炭素量の全炭素量に対する重量割合
　　　R_A：平均分子中の芳香族環の環数
　　　R_T：平均分子中のナフテン環と芳香族環の合計環数
　　　R_N：平均分子中のナフテン環の環数

　環分析方法は石油製品油の灯油，軽油，重油，潤滑油基油等の比較的中質及び重質石油を対象に，油の屈折率20℃（n_D^{20}），密度20℃（d_{20}），平均分子量（M）及び硫黄分（S wt%）の分析値から計算で求める方法がASTM D 3238に規定されているが，筆者は一般分析項目である油の密度15℃（d_{15}），動粘度mm²/s（燃料油は50℃，潤滑油は40℃及び100℃）及び硫黄分（S wt%）の分

析値から計算で求める方法を開発した。両方法を比較すると，前者は硫黄分が3.10wt%以上の重質燃料油には適用できないが，後者の方法は同成分が5.0wt%までは適用できる利点がある。また，両者の分析結果は僅かな差しか認められず，表5.11に示した前者のASTM規格にも十分適合している。

表5.11 環分析の精度

成　分	範　囲	繰返し性	再現性
%C_P	32.3〜68.6	1.0	3.4
%C_N	23.7〜47.2	1.2	3.6
%C_A	2.7〜34.6	0.6	1.7
R_T	1.73〜3.77	0.08	0.23
R_N	1.61〜2.90	0.08	0.23
R_A	0.12〜1.69	0.04	0.09

筆者の開発した石油の環分析方法を以下に紹介する。

1．準備計算

(1) 密度 d_{20} の測定

$$d_{20} = 0.9965 d_{15}$$

○燃料油関係

(1) 屈折率 n_D^{20} の測定

$$n_D^{20} = 0.619 d_{15} + 0.9474$$

(2) 平均分子量 M の測定

$$M = 10^R$$

$R = 2.51 \log [0.5556 \{0.0000307 [((1000 d_{15} - 141 \log\log(V_{50} + C) - 81))^2 - 0.065136((1000 d_{15} - 141 \log\log(V_{50} + C) - 81)) + 44.313733]^3 (d_{15} \times 0.9988 + 0.0012)^3 + 120] - 4.7523$

V_{50}：動粘度 mm²/s, 50℃

C：常数（低質重油0.85, A重油0.3）

○潤滑油関係

(1) 屈折率 n_D^{20} の測定

$$n_D^{20} = 0.625 d_{15} + 0.9304$$

(2) 平均分子量 M の測定

$M = 180 + ((4.006 - 1.678 \log [870 \{\log\log(V_{40} + 0.6) - \log\log(V_{100} + 0.6)\} - 145])) \times \{870 \log\log(V_{40} + 0.6) + 214\}$

2．環分析法

(1) 素数 x, y の測定

$x = 2.51(n_D^{20} - 1.4750) - (d_{20} - 0.8510)$

$y = (d_{20} - 0.8510) - 1.11(n_D^{20} - 1.4750)$

(2) %C_A の測定

x＞0　%$C_A = 430x + 3660/M$

$x<0$　%C_A＝670x＋3660/M

(3) %C_Rの測定

$y>0$　%C_R＝820y－CS＋10000/M

$y<0$　%C_R＝1440y－CS＋10600/M

　S：硫黄分 wt%

　C：表5.12参照

表5.12　C定数の設置値

硫黄分 wt%	3.10以下	3.1〜4.1	4.1〜5.0
C値	3.0	2.35	1.7

(4) %C_Nの測定

　%C_N＝%C_R－%C_A

(5) %C_Pの測定

　%C_P＝100－%C_R

(6) R_Aの測定

$x>0$　R_A＝0.44＋0.055Mx

$x<0$　R_A＝0.44＋0.080Mx

(7) R_Tの測定

$y>0$　R_T＝D＋0.146M（y－0.005S）

$y<0$　R_T＝D＋0.180M（y－0.005S）

　D：表5.13参照

表5.13　D定数の設定値

硫黄分 wt%	3.10以上	3.10超過
D値	1.33	1.56

(8) R_Nの測定

　R_N＝R_T－R_A

ディーゼル燃料油について，ASTM D 3238に沿って分析した結果と，上述した筆者の開発した方法で計算した結果（近似分析法）を比較して表5.14に示した。両結果を比較すると，平均分子量にやや差異が認められるが，環分析の結果にはそれほど大きな開きは認められず，表5.11に示す精度内におさまっているものと認められる。

また，潤滑油に対する近似分析法による環分析の結果を表5.15に示したが，潤滑油中の硫黄分 wt%は僅かしか含まれず，通常の分析項目にはあげられていないので情報の入手が困難な場合を考えて，これを無視したときの例も同表各下段に示しておいた。結果として，誤差程度の差異しか認められなかった。

5. 石油の性状・成分とろ過障害

表5.14 ディーゼル燃料油の環分析結果の比較

油名	No.	密度 15℃ g/cm³	動粘度 50℃ mm²/s	硫黄分 wt%	密度 20℃ g/cm³	屈折率 n_D^{20}	ASTM法 平均分子量 M	ASTM法 型組成% C_A	ASTM法 型組成% C_N	ASTM法 型組成% C_P	ASTM法 平均環数 R_A	ASTM法 平均環数 R_N	近似分析法 平均分子量 M	近似分析法 型組成% C_A	近似分析法 型組成% C_N	近似分析法 型組成% C_P	近似分析法 平均環数 R_A	近似分析法 平均環数 R_N
軽油	1	0.8221	1.67	0.07	0.8192	1.459	182	14.5	23.3	62.2	0.32	0.54	168	16.2	26.5	57.3	0.33	0.54
	2	0.8267	2.01	0.60	0.8238	1.462	206	14.1	17.2	68.7	0.35	0.40	186	16.0	20.8	63.2	0.36	0.43
	3	0.8320	1.97	0.31	0.8291	1.465	181	18.1	24.0	57.9	0.39	0.54	183	17.9	22.2	59.3	0.40	0.49
	4	0.8343	1.82	0.09	0.8314	1.467	187	19.3	21.7	59.0	0.43	0.52	176	20.5	24.7	55.1	0.42	0.55
	5	0.8370	2.23	0.36	0.8341	1.469	220	17.4	14.9	67.6	0.46	0.39	194	19.7	20.4	60.5	0.44	0.48
A重油	6	0.8460	3.08	0.72	0.8430	1.474	242	17.5	14.2	68.3	0.51	0.36	221	18.9	17.0	64.1	0.51	0.40
	7	0.8507	3.22	0.85	0.8477	1.477	242	18.7	14.6	66.7	0.55	0.35	223	20.0	17.0	63.0	0.54	0.40
	8	0.8591	2.93	0.83	0.8561	1.482	228	21.4	18.8	59.8	0.60	0.45	215	22.4	20.6	57.0	0.59	0.48
	9	0.8390	3.12	0.91	0.8361	1.470	255	15.4	10.0	74.6	0.47	0.22	224	17.3	13.8	68.9	0.47	0.30
	10	0.8711	3.26	1.03	0.8681	1.490	222	25.3	17.0	57.7	0.69	0.49	219	25.5	17.4	57.1	0.69	0.49
B重油	11	0.9093	20.47	1.42	0.9061	1.513	340	28.1	7.7	64.2	1.19	0.43	327	28.5	8.4	63.1	1.16	0.45
	12	0.9100	23.01	1.86	0.9068	1.514	350	28.6	4.7	66.7	1.25	0.24	334	29.1	5.5	65.4	1.21	0.28
	13	0.9196	25.45	1.73	0.9164	1.520	328	31.6	6.4	62.0	1.30	0.36	335	31.4	5.9	62.7	1.32	0.34
	14	0.9320	23.83	1.48	0.9287	1.527	320	34.2	9.0	56.8	1.37	0.55	326	33.9	8.7	57.4	1.39	0.54
	15	0.9450	31.62	1.67	0.9417	1.535	330	36.9	8.2	54.9	1.53	0.56	333	36.7	8.1	55.2	1.54	0.56
C重油	16	0.9501	150.8	2.86	0.9468	1.539	398	37.1	0.7	62.7	1.86	0.08	399	36.6	0.7	62.7	1.83	0.13
	17	0.9680	178.7	4.11	0.9646	1.550	370	42.0	—	—	1.96	—	395	41.4	2.2	56.4	2.06	0.09
	18	0.9790	225.0	1.23	0.9756	1.556	383	43.4	7.5	49.1	2.10	0.83	397	43.1	6.8	50.1	2.16	0.82
	19	1.0510	670.0	1.54	1.0473	1.601	360	61.7	7.7	30.6	2.82	1.07	418	60.3	5.3	34.4	2.20	1.10
	20	1.0096	1704.8	3.87	1.0061	1.575	440	49.6	—	—	2.76	—	447	49.8	0.0	50.2	2.80	0.35

注. 表中, —印は計算不可能なもの.

表 5.15 潤滑油における環分析結果例（実用的環分析結果も含む）

No.	油名	密度 g/cm³ 15℃	密度 g/cm³ 20℃	屈折率 20℃	動粘度 mm²/s 40℃	動粘度 mm²/s 100℃	硫黄分 wt%	平均分子量 M	炭素型組成 C_P	炭素型組成 C_R	炭素型組成 C_N	炭素型組成 C_A	平均環数 R_T	平均環数 R_N	平均環数 R_A
1	冷凍機油 100	0.8846	0.8815	1.486	99.4	11.9	0.04	558	69.6	30.4	22.5	7.9	2.56	2.03	0.53
									69.4	30.6	22.7	7.9	2.58	2.05	0.53
2	タービン油 68	0.8832	0.8801	1.485	70.2	9.9	0.02	545	69.4	30.6	22.9	7.7	2.50	2.00	0.50
									69.3	30.7	22.9	7.7	2.51	2.01	0.50
3	ガソリンエンジン油 10W-40	0.8876	0.8845	1.488	79.8	11.8	0.03	622	70.6	29.4	21.4	8.0	2.79	2.19	0.60
									70.5	29.5	21.5	8.0	2.80	2.20	0.60
4	舶用エンジン油 30	0.8982	0.8951	1.495	94.1	12.2	0.01	590	67.1	32.9	22.0	10.9	2.99	2.20	0.79
									67.1	32.9	22.0	10.9	3.00	2.21	0.79
5	舶用エンジン油 40	0.9008	0.8977	1.496	129.7	15.3	0.03	639	67.8	32.2	21.1	11.1	3.19	2.32	0.87
									67.7	32.3	21.2	11.1	3.21	2.34	0.87
6	軸受油 220	0.8996	0.8955	1.496	217.3	19.4	0.06	632	68.0	32.0	21.1	10.9	3.12	2.28	0.84
									67.8	32.2	21.3	10.9	3.15	2.31	0.84
7	ギヤー油 90	0.8933	0.8901	1.492	190.0	18.8	0.11	653	70.2	29.8	20.7	9.1	2.99	2.26	0.73
									69.9	30.1	21.0	9.1	3.04	2.31	0.73
8	コンプレッサ油 68	0.8852	0.8821	1.487	68.6	9.4	0.01	520	68.0	32.0	23.5	8.5	2.50	1.97	0.53
									68.0	32.0	23.5	8.5	2.50	1.97	0.53
9	油圧作動油 46	0.8768	0.8737	1.481	45.9	7.1	0.04	464	67.8	32.2	25.2	7.0	2.19	1.81	0.38
									67.7	32.3	25.3	7.0	2.20	1.82	0.38

（注）各油の上段は ASTM D 3238 に準拠して分析した値。下段は硫黄分を無視し、密度15℃，g/cm³ 及び40℃と100℃の動粘度 mm²/s から計算した値。

6. ろ過技術の今後の展望

　石油中の固形粒子及び半固形粒子をミリオーダの目開きをもつストレーナ及びミクロンオーダの目開きをもつフィルタで分別除去する現状の方式について述べてきたが，更に精密なろ過とエンジン，装置に対する前処理の立場から油中の不純物の処理はどのように開発，発展すべきかといった近い将来の展望まで含めて考えてみることにする。

6.1　ナノオーダろ過器の開発

　現在は表面式及びペーパー式，あるいは深層式フィルタによるろ過分離が主力の段階であり，ミクロンオーダ以下の微粒子まで除去対象にすることはフィルタエレメントの材質，構造上からみて必ずしも充分に期待に応えていないように見受けられる。これに対応するためにはエレメントを構成する物質のもつ分子吸着力，すなわち吸着式フィルタの活用も一つの方法であると思われる。すなわち，活性化した吸着剤層中に石油などの流体を通すことにより，吸着剤に各種不純物の微粒子を分子吸着させて分別ろ過する方式である。既に水処理には活性炭の吸着力が利用され，また酸性白土，活性白土などを用いたコンタクト法，パーコレーション法などで潤滑油，ろう分の脱色精製に用いられている。

　これらの外に分子吸着力をもつシリカゲル系物質の例を表6.1に示した。表中，特に重量当りの表面積が非常に大きいのが特徴である。しかし，吸着剤層のろ過抵抗は増加するのでろ過流量は大幅に制限される。

　従って，数段階にわけて吸着ろ過する方式も一つの手段であり，ペーパー式フィルタの併用も考えられる。また，エレメントの逆洗洗浄は出来ないのでカートリッジタイプのものにする必要があろう。油中の許容不純物量，流量にも左右されるが，エレメント内の吸着剤充填量も問題になると思われる。更に，不純物の吸着飽和した吸着剤の再生処理問題も考えておくべきであろう。

表6.1　吸着用シリカゲルの物理的性質（一例）

種類	主成分	メッシュ範囲	表面積 m^2/g	細孔容積 ml/g	計算平均細孔直径　A
K 912	$SiO_2>99\%$	28～200	614	0.363	23.65
K 923	〃	100～200	655	0.398	24.31
Davison 62	〃	60～200	285	1.110	155.79

6.2　前処理過程で固形粒子を微細に粉砕する方式の開発

　現在でも低質重油を使う一部の産業分野では，油中に含まれる固形，半固形粒子を粉砕するためホモジナイザー（Homogenizer）などの装置を使っているところもあり，結果的には後に続くろ過器の目詰り負担の軽減に一役買っている。

　油中の固形物質等を粉砕する一手段として，20000Hz 以上の周波数をもつ超音波の活用も考えられる。もし超音波の利用が可能になると発信装置が小型化され，メンテナンスの点でも省力化に貢献できると思われる。

索　引

≪ア行≫

ISO コード番号	7
AHEM	8
FCC 触媒粒子	4
MF フィルタ不溶分	9
アスファルテン性スラッジ	20
アスファルテン分析方法	70
ウェットスラッジ	2
エマルジョン性スラッジ	22
エレメントのろ過抵抗	34
遠心式こし器	17

≪カ行≫

開放洗浄	25
架橋形成物	34
金網こし器	13
金網のメッシュ	57
カビ性スラッジ	23
カーベン	2
カーボイド	2
紙フィルタ	17
間欠自動逆洗洗浄	25
完全閉塞ろ過	11
還分析方法	74
キシレン不溶分	1
きょう雑物性スラッジ	22
金属積層板フィルタ	15
金属多孔板フィルタ	16
空隙率	27
ケークろ過	12
公称目開き	7
公称ろ過比	30
コロニー	23

≪サ行≫

試験用ダスト	41, 43
磁石フィルタ	18
実効目開き	7
手動逆洗洗浄	25
潤滑油系統こし器装備基準	59
焼結金属フィルタ	15
初期粒子捕捉効率	43
シルティング	8
深層ろ過器	11
スライム	23
スラッジ	2
スラッジ分分析方法	73
石油エーテル不溶分	1
石油ベンゼン不溶分	1
絶対目開き	7
繊維フィルタ	16
全流ろ過	35
側流ろ過	35

≪タ行≫

中間閉塞ろ過	12
直列式浄油（$W_0 = 0$）	45
（$W_0 > 0$）	48
沈澱価	1
使い捨て	26
ドライスラッジ	2
トルエン不溶分	1

≪ナ行≫

NAS No. ……………………………… 7
ナノオーダろ過器………………………79
燃料油系統こし器装備基準……………58
濃淡電池作用……………………………67
ノッチワイヤフィルタ…………………13

≪ハ行≫

BSI ……………………………………… 8
非逆洗エレメントの耐用時間…………37
標準閉塞ろ過……………………………12
表面ろ過器………………………………11
フィルタのろ過閉塞……………………63
不溶解分捕集容量………………………32
並列式浄油（$W_0=0$）………………50
　　　　　　（$W_0>0$）………………53
ヘキサン不溶分………………………… 1
ペトローレン…………………………… 2
ペンタン不溶分………………………… 1
ホモジナイザー…………………………80

≪マ行≫

マルチパス試験回路図…………………29
マルテン………………………………… 2
水系統その他こし器装備基準…………61
ミセル…………………………………… 2
目詰り指数………………………………38
目開き（μm）………………………57

≪ラ行≫

粒子捕捉効率……………………………39
流速………………………………………33
流量………………………………………33
累積分離効率……………………………40
レジン…………………………………… 2
レジン分………………………………… 1
連続自動逆洗洗浄………………………25
ろ過効率…………………………………30
ろ過粒度…………………………………29

≪ワ行≫

ワックス性スラッジ……………………19
ワックス分分析方法……………………68

図　索　引

図1.1　ドライスラッジの形態模型 ……………………………………………………… 2
図1.2　高速ディーゼルシステム油中の固形分の粒径分布 …………………………… 4
図1.3　メッシュとミクロンとの関係 …………………………………………………… 6
図1.4　ガラス球による実効目開きと公称目開きとの関係 …………………………… 6

図2.1　完全閉塞ろ過モデル ……………………………………………………………… 11
図2.2　標準閉塞ろ過モデル ……………………………………………………………… 12
図2.3　ケークろ過モデル ………………………………………………………………… 12
図2.4　中間閉塞ろ過モデル ……………………………………………………………… 13
図2.5　金網こし器（一例） ……………………………………………………………… 14
図2.6　ノッチワイヤフィルタ（一例） ………………………………………………… 14
図2.7　金属積層板フィルタ（一例） …………………………………………………… 15
図2.8　焼結金属フィルタ（一例） ……………………………………………………… 16
図2.9　金属多孔板フィルタ（一例） …………………………………………………… 16
図2.10　繊維フィルタ（一例） …………………………………………………………… 17
図2.11　紙フィルタ（一例） ……………………………………………………………… 17
図2.12　遠心式こし器（一例） …………………………………………………………… 18
図2.13　磁石フィルタ（一例） …………………………………………………………… 18
図2.14　ディーゼル燃料油の芳香族炭素量％C_Aと芳香族平均環数R_Aの関係 ………… 20
図2.15　ディーゼル燃料油の芳香族炭素量／パラフィン炭素量比％C_A／％C_Pと
　　　　芳香族平均環数R_Aの関係 ……………………………………………………… 21
図2.16　ディーゼル燃料油の密度Dと芳香族平均環数R_Aの関係 …………………… 21
図2.17　ディーゼル主機関重油清浄装置例 ……………………………………………… 24
図2.18　ディーゼル主機関システム油清浄装置例 ……………………………………… 25

図3.1　体心立方体の空隙 ………………………………………………………………… 27
図3.2　球状粒子による空孔の例（a）（b） …………………………………………… 27
図3.3　　　　　　　　　　　　　　　　　　　　　　　　　　　　　　　　　　 28
図3.4　　　　　　　　　　　　　　　　　　　　　　　　　　　　　　　　　　 28
図3.5　　　　　　　　　　　　　　　　　　　　　　　　　　　　　　　　　　 29
図3.6　マルチパス試験回路図 …………………………………………………………… 29
図3.7　フィルタのろ過粒度曲線 ………………………………………………………… 30

図3.8	公称ろ過βxとろ過効率ηとの関係	31
図3.9	ろ過効率ηに及ぼす油動粘度の影響	32
図3.10	ろ過効率ηに及ぼす流速及び不溶解分負荷量の影響	32
図3.11	円筒状フィルタにおける油の流れ	33
図3.12	目詰り模型図	35
図3.13	側流清浄系統図	35
図3.14	側流清浄ろ過による油中の汚染物質の濃度変化	36
図3.15	K_iが許容限界濃度に達するまでのろ過時間tと流量Cとの関係（一例）	37
図3.16	目詰り指数の測定装置の例	38
図3.17	粒子捕捉効率の試験装置系統図	39
図3.18	粒子捕捉効率曲線の例	40
図3.19	累積効率及び寿命の試験装置系統図	40
図3.20	ダスト重量に対する累積効率の変化及び差圧上昇の相関図	42
図3.21	直列式潤滑油浄油システムモデル	45
図3.22	浄油時間とコンタミ濃度の関係	46
図3.23	浄油時間とコンタミ濃度の関係	48
図3.24	浄油時間とコンタミ濃度の関係	49
図3.25	並列式浄油システムモデル	50
図3.26	浄油時間とコンタミ濃度の関係	51
図3.27	浄油時間とコンタミ濃度の関係	53
図3.28	浄油時間とコンタミ濃度の関係	55
図5.1	低質重油のアスファルテンと残炭分との関係	63
図5.2	高流動点原油中のろう分と流動点との関係	65
図5.3	原油のろう分と%C_Pとの関係	65
図5.4	エレメントの見取図	67
図5.5	石油中のワックス分抽出用吸着クロマト管	68
図5.6	石油中のワックス分抽出用冷却減圧ろ過装置	68
図5.7	油中成分の溶媒による溶解性の関係	70
図5.8	石油類のアスファルテン定量分析用ガラス器具	72

表　索　引

表1.1　重油による機関障害現象別件数の統計 ……………………………………… 1
表1.2　溶媒による油中の不溶解分 …………………………………………………… 1
表1.3　国内補給C重油中の固形粒子分布の一例 …………………………………… 3
表1.4　接触分解触媒粒子の分布例（wt%） ………………………………………… 4
表1.5　エンジンシステム油中の金属分 ……………………………………………… 4
表1.6　システム油スラッジ中の固形分の粒径分布 ………………………………… 5
表1.7　油圧作動油中の固形粒子の粒径分布例 ……………………………………… 5
表1.8　油の清浄度対応表 ……………………………………………………………… 7
表1.9　装置使用潤滑油含有粒子の濃度限界 ………………………………………… 8
表1.10　作動潤滑油のNAS No. ……………………………………………………… 8
表1.11　AHEMコード番号とNAS No.の関係 ……………………………………… 9
表1.12　油圧作動油の管理基準 ……………………………………………………… 10
表1.13　油圧作動油清浄度許容基準 ………………………………………………… 10

表2.1　エレメントの最小捕捉粒子径 ………………………………………………… 13
表2.2　ワックス性スラッジによるフィルタ目詰り障害をおこした重油の
　　　　性状・成分・性能 …………………………………………………………… 19
表2.3　アスファルテン性スラッジによるフィルタ目詰り障害をおこした重油の
　　　　性状・成分・性能 …………………………………………………………… 20
表2.4　エマルジョン性スラッジによる目詰り障害をおこした重油の性状・成分・性能 …… 22
表2.5　きょう雑物性スラッジによるフィルタ目詰り障害をおこした残さ物の成分 ……… 23
表2.6　カビ性スラッジとアスファルテン性スラッジとの比較 …………………… 23

表3.1　粒子捕捉効率の試験条件 ……………………………………………………… 39
表3.2　試験用ダストの粒径分布 ……………………………………………………… 41
表3.3　試験用ダストの分布 …………………………………………………………… 41
表3.4　試験条件 ………………………………………………………………………… 41
表3.5　試験条件 ………………………………………………………………………… 43
表3.6　試験用ダスト …………………………………………………………………… 43
表3.7　　　　　　　　　　　　　　　　　　　　　　　　　　　　　　　　……… 46
表3.8　　　　　　　　　　　　　　　　　　　　　　　　　　　　　　　　……… 46
表3.9　　　　　　　　　　　　　　　　　　　　　　　　　　　　　　　　……… 46

表 3.10		47
表 3.11		47
表 3.12		47
表 3.13		49
表 3.14		49
表 3.15		49
表 3.16		51
表 3.17		53
表 3.18		54
表 3.19	各浄油条件と平衡濃度のまとめ	55
表 4.1	船用油こしの金網の使用基準解説（JIS F-7207）	57
表 4.2	舶用機関の燃料油系統こし器装備基準の取りまとめ	58
表 4.3	舶用機関の潤滑油系統こし器装備基準の取りまとめ	59
表 4.4	舶用機関の水系統その他こし器装備基準の取りまとめ	61
表 4.5	舶用こし器装備に関係あるJIS規格	62
表 5.1	フィルタ目詰り事故発生重油試料等の分析結果例	64
表 5.2	フィルタの目詰りと低質重油の性状・成分との関係	66
表 5.3	金属のイオン化傾向と化学的性質	67
表 5.4	石油中のワックス分測定方法	69
表 5.5	原油のワックス分繰返し性試験結果	70
表 5.6	石油中のアスファルテン測定方法	71
表 5.7	アスファルテン分の繰り返し性試験結果	72
表 5.8	スラッジの種類と成分	73
表 5.9	石油中のスラッジ分測定方法	73
表 5.10	スラッジ定量分析結果の例	74
表 5.11	環分析の精度	75
表 5.12	C定数の設定値	76
表 5.13	D定数の設定値	76
表 5.14	ディーゼル燃料油の環分析結果の比較	77
表 5.15	潤滑油における環分析結果例（実用的環分析結果も含む）	78
表 6.1	吸着用シリカゲルの物理的性質（一例）	79

著者略歴

小川　勝（おがわ　つよし）

1945年	高等商船学校機関科卒業
	船舶運営会入会
1967年	海上保安大学校教授
	同校海上公害研究室長併任
	海上保安試験研究センター併任
	水産大学校講師併任
	広島商船高等専門学校講師併任
1984年	海上保安大学校教頭
1985年	神奈川機器工業株式会社顧問
現　在	海上保安大学校名誉教授
研究項目	——燃料・潤滑・海洋保全
著　書	——「燃料油及び燃焼」（海文堂出版）
	「潤滑油及び潤滑」（海文堂出版）
	「海洋の油汚染」（海文堂出版）
	他多数。

ISBN4-303-32060-9

石油のろ過技術

2003年1月8日　初版発行　　　　　　　　ⓒ 2003

著　者	小川　勝	検印省略
発行者	岡田吉弘	
発行所	海文堂出版株式会社	
	本　社　東京都文京区水道2－5－4（〒112－0005）	
	電話 03(3815)3292　FAX 03(3815)3953	
	支　社　神戸市中央区元町通3－5－10（〒650－0022）	
	電話 078(331)2664	

日本書籍出版協会会員・工学書協会会員・自然科学書協会会員

PRINTED IN JAPAN　　　　　　　　　　印刷　ディグ／製本　小野寺製本

本書の無断複写は,著作権法上での例外を除き,禁じられています。本書は,(株)日本著作出版権管理システム(JCLS)への管理委託出版物です。本書を複写される場合は,そのつど事前に JCLS(電話 03－3817－5670)を通して当社の許諾を得てください。

══ 図 書 案 内 ══

潤滑油および潤滑
小川　勝 著
A5・196 頁・定価（本体 2,400 円＋税）〒310円

潤滑の理論・潤滑油の種類・性質・選定・劣化・再生・取扱いなどの具体的問題、グリース・固体潤滑剤、各摩擦面の損傷などについて、多数の図表を配し平易にまとめたもので、設計・製作の技術者・学生にとって好参考書。

舶用機関概論
川瀬好郎 著
A5・150 頁・定価（本体 2,500 円＋税）〒310円

内燃機関・ボイラ・蒸気およびガスタービン・原子力船・推進器および推進軸系・ポンプ・冷凍機・甲板機械・原動機・機関室一般補機・電気装置・燃料潤滑油などを解説。機関部初心者、学生必備の基本図書。

ターボ動力工学
刑部真弘 著
A5・200 頁・定価（本体 2,500 円＋税）〒310円

ボイラ、蒸気タービン、ガスタービンに関連する技術の理解に必要不可欠な基礎知識を、わかりやすい言葉と図で簡潔に説明。商船・水産系大学および高専の学生はもとより、陸上の関連技術者にも役立つようにまとめられている。

船用ボイラ
木脇充明・金子延男 著
A5・364 頁・定価（本体 3,900 円＋税）〒340円

熱および蒸気に関する理論・ボイラの種類と構造・付属機器具・通風・自動燃焼装置・給水・水処理・取扱・性能・材料などボイラ全般の知識を平易に解説した基本書。ボイラ取扱関係者・学生・1～3級受験者の必携書。（演習問題付き）

基本 船用ボイラ
金子延男 著
A5・230 頁・定価（本体 3,107 円＋税）〒310円

ボイラの基礎・ボイラの種類と構造・ボイラ取付物、ボイラ付属装置、燃料および燃焼装置、ボイラの自動制御、給水およびボイラ水、ボイラの材料・強度および据付け、ボイラの取扱いまで、図解とわかりやすい解説による基本参考書。

要説 船用補機 [OD版]
富岡 節・中村 峻 著
A5・220 頁・定価（本体 3,592 円＋税）〒310円

解説を簡略に、内容は豊富に、新しく造水装置、油清浄機、イナートガス装置等を加えて、さらに充実した。実務に携わる海技士のみならず、これから学ぶ人にとっても絶好の参考書。

海洋汚染防止条約
（2001年改訂版）
国土交通省総合政策局環境・海洋課海洋室 監修
A5・656 頁・定価（本体 15,000 円＋税）〒380円

〈英和対訳〉
―1973年海洋汚染防止条約及び1973年海洋汚染防止条約の1978年議定書―
2001年9月現在で最新の内容が一括理解できる。

定価は平成15年1月現在です。重版に際して定価を変更することがありますのであらかじめご了承下さい。

海文堂出版株式会社